Educação Ambiental e Gestão de Resíduos

Educação Ambiental e Gestão de Resíduos

Adalberto Mohai Szabó Júnior

3ª edição

Editora RIDEEL

EXPEDIENTE

Presidente e Editor: **Italo Amadio**
Diretora Editorial: **Katia F. Amadio**
Preparação: **Ana Cristina Teixeira**
Revisão: **Carmen Regina Erlandes**
Projeto Gráfico: **Breno Henrique**
Diagramação: **Renata Owa**
Pesquisa Iconográfica: **Thiago Fontana**
Produção Gráfica: **Helio Ramos**

Dados Internacionais de Catalogação na Publicação (CIP)
(Câmara Brasileira do Livro, SP, Brasil)

Szabó Júnior, Adalberto Mohai
 Educação ambiental e gestão de resíduos / Adalberto Mohai Szabó Júnior. -- 3. ed. -- São Paulo : Rideel, 2010.

 1. Educação ambiental 2. Meio ambiente 3. Resíduos - Gestão I. Título.

10-03195   CDD–333.7

Índice para catálogo sistemático:
1. Meio ambiente : Áreas de estudo 333.7

ISBN 978-85-339-1585-5

© Copyright - Todos os direitos reservados à

EDITORA RIDEEL

Av. Casa Verde, 455 – Casa Verde
CEP 02519-000 – São Paulo – SP
e-mail: sac@rideel.com.br
www.editorarideel.com.br

Proibida qualquer reprodução, mecânica ou eletrônica,
total ou parcial, sem prévia permissão por escrito do editor.

57986
0114

AGRADECIMENTOS

Não poderia deixar de tecer meus agradecimentos para todos aqueles que, de forma direta ou indireta, contribuíram para o desenvolvimento deste importante trabalho.

Agradeço imensamente aos meus pais, ao meu irmão, à minha esposa e a todos os amigos que se mantiveram sempre ao meu lado, dando-me o incentivo necessário para que meus objetivos se concretizassem.

PREFÁCIO

Nos últimos anos, o interesse das pessoas por assuntos relacionados ao meio em que vivemos tem crescido muito. Pelos meios de comunicação recebemos informações diárias sobre a situação ambiental em diferentes pontos da Terra. Estamos cientes que há destruição de florestas, extinção de espécies animais e vegetais, crescente geração de resíduos, derramamento de derivados de petróleo no mar, efeito estufa e vários outros problemas que prejudicam a qualidade de vida da sociedade.

O Professor Adalberto Mohai Szabó Júnior propõe, com este livro, o desenvolvimento de nossa capacidade intelectual no tocante aos assuntos ecológicos, visando à conscientização necessária para participação de todos na preservação, além de compartilhar conhecimentos que envolvem as complexas relações entre os seres vivos e o meio ambiente.

A leitura deste livro é uma excelente oportunidade para que se possa refletir sobre a imensa tarefa que recai em nossas mãos – a tarefa de transmitir tanto às presentes quanto às futuras gerações as informações que se façam necessárias para que seja possível restaurar e manter a harmonia em nosso planeta.

Professor Moacir Guets[*]

---

[*] Licenciado em Matemática, bacharel em Administração de Empresas, pós-graduado em Gestão Ambiental, mestrando em Educação e coordenador do Curso Superior de Tecnologia em Gestão Ambiental da Faculdade Anchieta de São Bernardo do Campo – SP.

SUMÁRIO

Apresentação 09

Primeira Parte
Definições relevantes 11

Segunda Parte
Educação ambiental 81

Terceira Parte
Gestão de resíduos 105

Curiosidades 118

BIBLIOGRAFIA

Norma ABNT NBR ISO 14001:2004;
Norma ABNT NBR 10004:2004;
Resolução CONAMA N. 275 DE 25/04/2001;
Constituição Federal de 1988.

APRESENTAÇÃO

Este livro é dividido em três partes. Na primeira, existem várias definições relevantes, largamente utilizadas por profissionais que atuam na área ambiental e que servirão de base ao entendimento integral da obra.

A segunda parte engloba conceitos relacionados com a educação ambiental e na terceira e última, um dos temas mais discutidos por ambientalistas no meio acadêmico e industrial, ou seja, a gestão de resíduos.

Gostaria de ressaltar, antes de concluir as poucas palavras presentes nesta apresentação, que os conceitos ambientais que aqui disponibilizo são multirreferenciais, ou seja, nem todos os observam sob o mesmo viés. E, ainda que as observações se dessem sob a mesma perspectiva, continuariam existindo diferenças entre elas, pois nem todos abarcam estes conceitos com igual nível de profundidade. Eis o motivo pelo qual sinto-me inteiramente à vontade em disponibilizar os conceitos que julgo mais apropriados e que estão alicerçados em meus próprios referenciais, mesmo sabendo que existem diversas definições acerca de um mesmo tema.

Na expectativa de não esgotar o assunto aqui tratado, solicito aos leitores a gentileza de me enviarem críticas e sugestões.

O autor

1ª Parte

DEFINIÇÕES RELEVANTES

Aa

ABAFAMENTO

Técnica utilizada no combate ao fogo, que consiste na retirada do oxigênio existente no local do sinistro.

Obs.: o fogo é uma reação química em cadeia, caracterizada pela presença de três elementos indispensáveis para que este exista: o combustível, o comburente e o calor. Quando um desses elementos é eliminado, a combustão cessa.

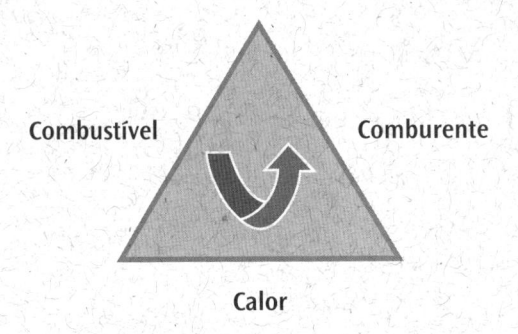

```
        Combustível         Comburente
                  Calor
```

ABISSAL

Profundezas aquáticas onde é impossível encontrar vegetação verde.

Obs.: a inexistência de vegetação verde (clorofila) em regiões abissais se deve ao fato dos raios solares não conseguirem atingir a profundidade desses lugares.

ABRANDAMENTO

Processo pelo qual a água que está sendo tratada passa, para que os sais nela solubilizados sejam devidamente eliminados.

Obs.: os sais frequentemente encontrados na água são: carbonato de cálcio e carbonato de magnésio.

AÇÃO CORRETIVA

Ação que deve ser tomada para a neutralização de uma não conformidade que tenha sido diagnosticada por meio de uma auditoria.

ACEIRO

Faixa de terra aberta em área florestal, mantida livre de vegetação, para impedir o alastramento do fogo de uma parte da floresta para outra em caso de incêndio.

ACIDENTE DO TRABALHO

Ocorrência inesperada no exercício das funções profissionais, não necessariamente no âmbito de trabalho.

Obs.: se o acidente ocorre no trajeto da residência ao local de trabalho, ou vice-versa, é considerado um acidente do trabalho.

ÁCIDO

Substância cujo valor de pH é abaixo de sete.

Obs.: a fórmula molecular de todos os ácidos começa com hidrogênio, o que não significa que todas as substâncias que comecem com hidrogênio sejam ácidas. Os ácidos podem ser orgânicos ou inorgânicos. Os orgânicos são também chamados ácidos carboxílicos. Os ácidos são substâncias que se ionizam em meio aquoso, ou seja, os íons constituintes da molécula do ácido se desmembram. Isto significa que o cátion (íon positivo) se separa do ânion (íon negativo) conforme exemplos a seguir:

$$H_2SO_4 \rightarrow 2H^+ + SO_4^{2-}$$
$$HNO_3 \rightarrow H^+ + NO_3^-$$

ADAPTABILIDADE

Capacidade que inúmeras espécies possuem de se adaptar e viver em ambientes distintos.

ADUBO
Substância utilizada para fertilizar o solo, devido à sua fácil incorporação.

ADUÇÃO
Ação de aduzir e/ou trazer.

ADUTOR
O que aduz e/ou traz.

AEDES AEGYPT
Denominação do mosquito responsável pela transmissão tanto da febre amarela quanto da dengue.

AERAÇÃO
Processo que visa eliminar os gases dissolvidos na água, por meio da adição de oxigênio, que tem a propriedade de arrastar todos os gases nela contidos.

AEROFOTOGRAMETRIA
Processo de mapeamento ambiental de uma área analisada, utilizando-se fotografias aéreas.

Obs.: para que uma área seja analisada por meio de fotografias aéreas, é indispensável que façamos uso de algumas técnicas de interpretação fotográfica.

AGRICULTURA
Parte integrante do primeiro setor da economia, caracterizada pela produção de bens alimentícios e matérias-primas, utilizadas em diferentes processos produtivos por meio do cultivo de plantas e da criação de espécies animais.

AGROTÓXICOS
Produtos químicos utilizados em diversos tipos de plantações. A função dos agrotóxicos é poupar as plantações da ação danosa de seres vivos considerados nocivos ao bom desenvolvimento da lavoura.

ÁGUA

Substância constituída por dois átomos de hidrogênio para cada átomo de oxigênio.

Obs.: a água pode ser encontrada em três diferentes estados físicos: líquido, sólido ou gasoso.

ÁGUA BRUTA

Água proveniente de uma fonte de abastecimento, antes de receber qualquer tratamento.

ÁGUA POTÁVEL

Água tratada, cujas características fazem com que seja considerada própria para o consumo humano.

ÁGUA PURA

Tipo específico de água isenta de qualquer impureza.

Obs.: a água pura não é potável, pois nesta existem algumas impurezas que se fazem necessárias ao organismo de quem a consome.

ÁGUA SUBTERRÂNEA

Água doce localizada abaixo da superfície da terra.

ÁGUA TRATADA

É a água que foi submetida a um processo de tratamento, com a finalidade de torná-la adequada para um determinado objetivo.

ALDEÍDOS

Compostos orgânicos originários da queima de álcool em veículos automotores. O nome do grupo funcional dos aldeídos é carbonila.

ALGICIDA

Tipo específico de substância usada tanto para destruir quanto para controlar o crescimento de algas em ambientes aquáticos.

ALQUEIRE

Trata-se de uma unidade de medida de área largamente utilizada no meio agrícola.

Obs.: um alqueire goiano corresponde a 4,84 hectares e um alqueire paulista a 2,42 hectares. Contudo, vale frisar que o alqueire paulista é mais utilizado que o goiano.

ALTÍMETRO

Instrumento utilizado para medir altitude.

ALTITUDE

Distância vertical que possui o nível médio do mar como referência.

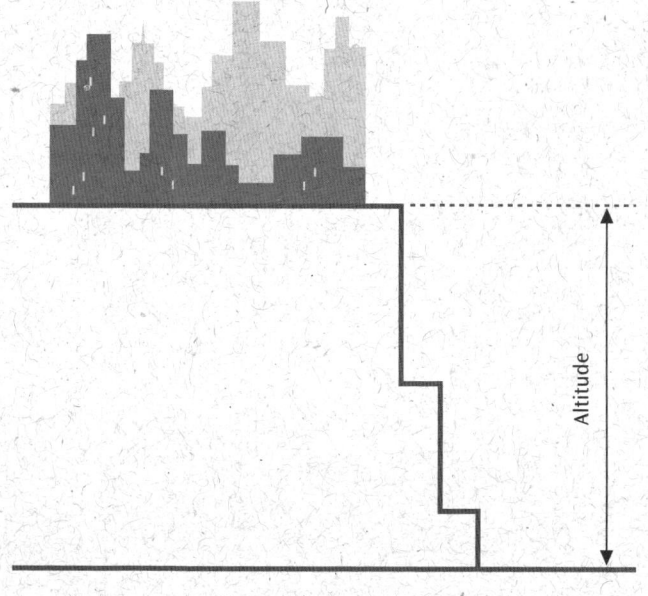

Nível médio do mar (MSL)

ALUVIÃO

Sedimentos de materiais relativamente finos, como argila, areia e cascalho depositados no solo por meio de uma correnteza de água. Também é conhecido como alúvio.

AMAZÔNIA

Floresta que ocupa aproximadamente 5,5 milhões de km² e possui uma das maiores biodiversidades do planeta. É constituída por uma área florestal que ocupa parte do Brasil, Bolívia, Colômbia, Equador, Guiana, Guiana Francesa, Peru, Suriname e Venezuela. A Amazônia é considerada patrimônio nacional segundo a Constituição da República Federativa do Brasil de 1988, e a utilização de seus recursos naturais está restrita a determinadas regras.

AMBIENTALISTA

Pessoa preocupada com os problemas ambientais e com a qualidade do meio ambiente e da vida dos seres vivos. A maioria dos ambientalistas está engajada em movimentos de preservação do meio ambiente.

AMBIENTE EUTRÓFICO

Meio ambiente que possibilita o desenvolvimento de determinadas espécies, rico em matéria orgânica.

ANILHAMENTO

É um processo de colocação de argolas em espécies da fauna com a finalidade de deixá-los identificados para estudos. As anilhas mais utilizadas são de plástico ou metal.

ASBESTOS

Fibras de amianto com presença de alumina ou óxido de ferro, utilizadas em diversos artigos.

> **Obs.:** a inalação por longos períodos de fibras microscópicas de asbesto pode provocar uma enfermidade chamada asbestose.

ASSOREAMENTO

Processo de aterramento de lagos, lagoas, represas, rios, baías e estuários, ocasionado por sedimentos que se assentam pela decantação.

AUDITADO

Em uma auditoria, é a pessoa designada para conceder as informações para o auditor.

AUDITOR

Pessoa responsável pela execução de uma auditoria.

AUDITORIA

Atividade executada nas empresas de diferentes segmentos, que tem como finalidade diagnosticar não conformidades, para que essas sejam corrigidas por meio de ações corretivas, que visem à neutralização dos aspectos deficitários encontrados.

> **Obs.:** existem três diferentes tipos de auditoria: as de primeira parte, também conhecidas como auditorias internas, realizadas por auditores da própria organização. As auditorias de segunda parte realizadas em fornecedores de produtos ou serviços. E as de terceira parte, também conhecidas como auditorias externas, que são realizadas por auditor externo, ou seja, por um auditor contratado para a execução do trabalho. Assim sendo, tanto as auditorias de certificação quanto as de recertificação são clássicos exemplos de auditorias de terceira parte.

ASPECTO AMBIENTAL

Qualquer intervenção direta ou indireta das atividades e serviços de uma organização sobre o meio ambiente, quer seja adversa ou benéfica.

ATERRO SANITÁRIO

Local para onde os resíduos em geral são encaminhados.

> **Obs.:** ressalta-se que os aterros devem ser construídos em conformidade com as exigências sanitárias e ambientais. O solo dos aterros sanitários precisam ser impermeabilizados com geomembranas de polietileno de alta densidade, que possuem em sua formulação aproximadamente 97% de polietileno virgem, 2,5% de negro de fumo e 0,5% de termoestabilizantes

e antioxidantes. Essas geomembranas são produzidas pela polimerização do etileno com copolímeros e catalisadores específicos. O objetivo da impermeabilização é inviabilizar a contaminação do solo e das águas subterrâneas com o chorume proveniente da decomposição de matérias orgânicas.

ATMOSFERA

Camadas de gases que envolvem os corpos celestes. A atmosfera possui seis camadas distintas.

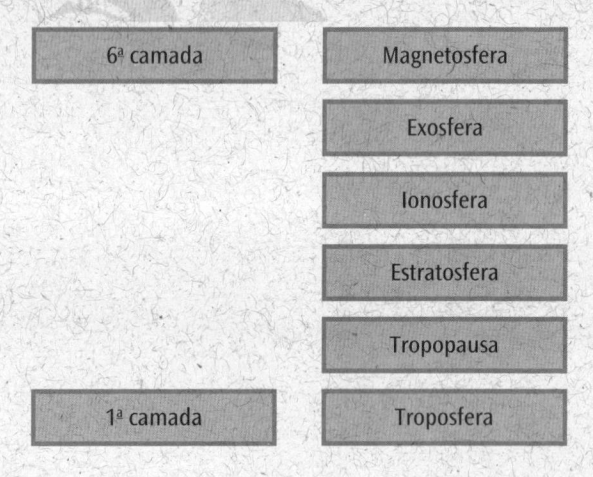

6ª camada	Magnetosfera
	Exosfera
	Ionosfera
	Estratosfera
	Tropopausa
1ª camada	Troposfera

ATOL

É um grupo de pequenas ilhas, que se forma distante da costa; constituído principalmente por corais. As ilhas que fazem parte desta formação ficam agrupadas de tal forma que surjam, entre elas, algumas lagunas. Também recebe o nome de recife.

AVES MIGRATÓRIAS

São aves de diversos lugares do mundo que, para fugir do frio rigoroso das regiões temperadas e subtropicais, chegam a voar sem parar por mais de 16 mil quilômetros e, para aguentar essa travessia, engordam até 10 vezes o próprio peso.

A destruição de seus locais de reprodução representa uma ameaça para as aves migratórias.

Bb

BACTÉRIAS
São organismos vegetais microscópicos, em geral destituídos de clorofila e essencialmente unicelulares.

BAIXADA
Depressão do terreno ou planície situada entre as montanhas e o mar.

BALANÇO ENERGÉTICO
Estudo minucioso que compara a entrada e a saída de energia em um sistema, considerando, ao mesmo tempo, as transformações que a energia sofre ao longo do processo.

BALANÇO HÍDRICO
Estudo das entradas e saídas de água em uma região hidrológica.

Obs.: é evidente que, se a quantidade de água que sai de uma bacia hidrográfica é maior que a quantidade que a abastece, em um futuro próximo a bacia estará ameaçada.

BARÔMETRO
Instrumento utilizado para medir pressão.

BARRAGEM
Construção destinada para represar água, com mecanismos para controlar o nível e regular o escoamento das águas.

Obs.: a principal finalidade de uma barragem é represar água para sua utilização na irrigação de plantações e para viabilizar o funcionamento das usinas hidroelétricas.

BASE

Substância que possui em sua estrutura uma ou mais oxidrilas (hidroxilas). As bases são também conhecidas como hidróxidos ou álcalis. O valor do pH das bases é acima de sete.

Obs.: a base neutraliza o ácido, assim, a reação química entre um ácido e uma base recebe o nome de reação de neutralização. Por meio dessa obtém-se sal em meio aquoso. Embora muitos acreditem que a corrosão só pode ser causada por substâncias ácidas, faz-se necessário destacar que substâncias alcalinas (bases) também são responsáveis por vários tipos de corrosão. Corrosão cáustica é a denominação que recebe o processo corrosivo causado por substâncias alcalinas. As bases se dissociam em meio aquoso, ou seja, as oxidrilas se desmembram do cátion, conforme exemplos abaixo:

$$NaOH \rightarrow Na^+ + OH^-$$
$$Ca(OH)_2 \rightarrow Ca^{2+} + 2OH^-$$

BIODEGRADÁVEL

Substância que se decompõe quando exposta às intempéries da natureza.

BIODIVERSIDADE

Conjunto de espécies animais e vegetais existentes em uma região.

BIOFILME

Microrganismos presos a um substrato em um ambiente aquático, embebidos em uma matriz polimérica.

BIOGÁS

Tipo específico de gás proveniente do tratamento agroenergético de biomassa.

Obs.: o biogás contém de 65% a 70% de metano, 25% a 30% de monóxido de carbono, bem como pequenas quantidades de oxigênio, nitrogênio, óxidos de carbono e gás sulfídrico. O poder calorífico do biogás é de 5.200 a 6.200 Kcal/m^3.

BIOINDICADOR

Recurso biológico por meio do qual se torna possível identificar características relevantes de uma área que esteja sendo analisada.

Obs.: nas estações de tratamento de efluentes normalmente se utilizam peixes como bioindicadores. Assim, qualquer enfermidade ou mesmo ocorrência de óbitos são alertas para os observadores.

BIOMASSA

Quantidade máxima de material vivo, em peso, tanto de vegetais quanto de animais, em um hábitat, em determinada época do ano.

BIORREMEDIADOR

Recurso de caráter biológico por meio do qual se torna exequível revitalizar uma área degradada.

BIOSFERA

É a soma de todos os seres vivos existentes no ar, no solo, no subsolo e na água.

BIOTA

Conjunto de todas as espécies de plantas e animais existentes em um determinado ecossistema.

BIOTECNOLOGIA

Ciência multidisciplinar que aplica de forma integrada conceitos de variados segmentos da biologia, bioquímica e engenharia genética para o desenvolvimento estratégico e sustentável da tecnologia.

BURITIZAL

Floresta ou aglomeração de pés de buritis.

Cc

CAATINGA
Tipo de vegetação brasileira, característica do Nordeste, formada por espécies arbóreas espinhosas de pequeno porte.

CABECEIRA
Parte superior de um rio, localizada próxima à sua nascente.

CALEFAÇÃO
Processo caracterizado pela transformação de uma substância líquida para o estado gasoso.

Obs.: tipo específico de vaporização que pode ser facilmente visualizado quando se joga água numa chapa quente.

CAMADA DE OZÔNIO
Localiza-se a 30 ou 40 km de distância da superfície da Terra, e tem como finalidade filtrar os raios ultravioletas emitidos pelo Sol.

CANAL
Curso d'água natural, ou artificial, que possui água em constante movimentação.

CAPÃO
Conjunto de arbustos e árvores de médio e pequeno portes, que lembram verdadeiras ilhas verdes por sua aglomeração.

CARCINOGÊNICO
Substância química que causa câncer ou que potencializa o crescimento de tumores provocados por outras substâncias ou causas.

CARVÃO ATIVADO

Poderoso absorvente, utilizado em clarificação de líquidos e medicamentos, obtido por carbonização de matérias vegetais em ambiente anaeróbio.

Também é utilizado para remoção de odores desagradáveis e de substâncias tóxicas.

CATALISADOR

Substância utilizada para acelerar a cinética química, ou seja, agilizar a reação entre dois reagentes.

Obs.: também recebe este nome o dispositivo que diminui significativamente as emissões atmosféricas provenientes da combustão dos veículos automotores.

CATIVEIRO

Local de dimensões reduzidas em que determinadas espécies são mantidas longe de seu hábitat natural.

CAVERNA

Toda e qualquer cavidade natural subterrânea incluindo seu ambiente, seu conteúdo mineral, hídrico, bem como as comunidades animais e vegetais ali agregadas.

CENTRIFUGAÇÃO

Processo mecânico, por meio do qual a força gravitacional é intensificada, viabilizando a sedimentação.

CERRADO

Tipo de vegetação peculiar em terrenos planos, com pequenas árvores e arbustos espaçados. É bastante comum no Planalto Central brasileiro.

CONSTITUIÇÃO FEDERAL (CF)

Constituição da República Federativa do Brasil, também conhecida como Carta Magna.

Obs.: o artigo 225 da CF de 1988, refere-se ao meio ambiente.

CHAMINÉ
Local por onde os efluentes gasosos são lançados ao ar atmosférico.

CHORUME
Líquido altamente tóxico, de odor característico, proveniente da decomposição de matéria orgânica.

Obs.: hoje é comum observarmos a utilização de mantas de polipropileno nos aterros sanitários como impermeabilizantes, evitando que o chorume proveniente do lixo não contamine o solo e os cursos d'água subterrâneos.

CHUVA ÁCIDA
Precipitações pluviais com baixo pH.

Obs.: as emissões gasosas de enxofre e nitrogênio entram em contato com o ar, convertendo-se parcialmente em ácidos que retornam ao solo arrastados pela chuva.

CIANOBACTÉRIA
Espécie vegetal de caráter patogênico que se prolifera de modo descontrolado em ambientes eutróficos e liberam toxinas prejudiciais quando em decomposição. Também conhecida como alga cianofícia.

CICLO VITAL
Ciclo que compreende todas as etapas da vida, ou seja, nascimento, desenvolvimento, envelhecimento e morte.

CIPA (COMISSÃO INTERNA DE PREVENÇÃO DE ACIDENTES)
Constituída de vários membros de uma organização, com o objetivo de diminuir os acidentes no âmbito do trabalho mediante a utilização de estratégias de sensibilização dos funcionários.

CLIMA

Compreende os diversos fenômenos climáticos que ocorrem na atmosfera de um planeta. Na Terra, eventos comuns são: os ventos, as tempestades, as chuvas e a neve, que ocorrem particularmente na troposfera, a parte mais baixa da atmosfera.

CLORAÇÃO

Processo em que a água que está sendo tratada recebe quantidades calculadas de cloro para eliminar os microrganismos vivos.

Obs.: a cloração é também conhecida como desinfecção. O cloro é utilizado na desinfecção das águas por ser considerado um agente oxidante de alta eficiência. Em alguns casos o ozônio também é utilizado.

CLOROFILA

Grupo de pigmentos fotossintéticos presente nos cloroplastos (presentes nas células das plantas e algas, rico em clorofila), responsável pela coloração verde das plantas.

CLORO RESIDUAL

Porcentagem de cloro remanescente na água tratada para abastecimento público. Seu objetivo é prevenir a contaminação da água no sistema de transporte e distribuição.

COAGULANTE

Substância utilizada no processo de tratamento de água, para agrupar partículas de pequena densidade, para que juntas adquiram maior densidade e consigam decantar.

COLETA SELETIVA

Coleta separada de resíduos para a destinação apropriada.

Obs.: para que a coleta seletiva funcione é indispensável que os resíduos sejam depositados em lixeiras com cores específicas. Assim, os resíduos que podem ser reciclados

acabam sendo encaminhados para reciclagem e os não recicláveis às localidades apropriadas. Existe um código de cores para facilitar a identificação das lixeiras: azul para o depósito de papel e papelões; amarelo, para elementos de composição metálica; verde para vidros e vermelho para plásticos. A cor marrom é utilizada para recolher lixos orgânicos.
Essas cores foram estabelecidas pela Resolução do CONAMA nº 275, de 25-4-2001.

COLIFORME FECAL

Qualquer um dos organismos comuns ao trato intestinal do homem e dos animais, cuja presença na água é um indicador de poluição e de contaminação bacteriana potencial.

COMBUSTÃO

Reação de oxidorredução, caracterizada pela oxidação do combustível por meio do oxigênio existente no ar.

Obs.: a combustão de combustíveis sólidos resulta no surgimento de cinzas; porém, na combustão de combustíveis líquidos ou gasosos isso não ocorre.

COMBUSTÍVEL

Material que se queima com o desprendimento de gás carbônico e água.

Obs.: existem inúmeros tipos de combustíveis. A quantidade de gás carbônico, proveniente da combustão de um combustível, nunca é igual à quantidade proveniente de um outro combustível.

COMERCIALIZAÇÃO

Prática comum em todos os países do mundo, caracterizada pela troca, compra e venda de produtos acabados ou intermediários.

COMPACTAÇÃO

Processo por meio do qual os resíduos sólidos empilhados são compactados com a finalidade de diminuir o seu volume.

COMPOSTAGEM

Técnica utilizada para viabilizar a obtenção de uma mistura fermentada proveniente de resíduos orgânicos. Esta mistura fermentada é muito rica em húmus e microrganismos, podendo ser utilizada para melhorar substancialmente a fertilidade do solo em que será aplicada.

CONCENTRAÇÃO

É a quantidade de soluto existente em uma solução por unidade de volume.

Obs.: se a concentração de uma solução for de 4 g/ml, é porque, em cada ml dessa solução, existem 4 g de soluto.

CONDENSAÇÃO

Processo caracterizado pela transformação de uma substância que está no estado gasoso para o estado líquido.

CONSERVADORISMO

É uma filosofia de ação que se fundamenta na defesa dos valores naturais, objetivando a erradicação de desequilíbrios ecológicos que prejudiquem os seres vivos.

CONSUMO DE ENERGIA ELÉTRICA

Produto entre a potência elétrica do equipamento e o tempo de sua utilização.

Obs.: o consumo de energia elétrica é normalmente representado em kW/h. Para reduzir o consumo de energia elétrica é necessário substituir os aparelhos com potências elevadas por outros com potências inferiores e que desempenhem a mesma função, diminuir o tempo de sua utilização ou as duas coisas juntas.

CONTAMINAÇÃO

Processo por meio do qual elementos que não fazem parte da estrutura química, física ou biológica de uma substância acabam se agregando à essa estrutura.

COORDENADA GEOGRÁFICA

Ponto de interseção entre uma latitude e uma longitude.

Obs.: por meio da coordenada geográfica torna-se possível conhecer a localização exata de um ponto.

CORROSÃO MICROBIOLÓGICA

Fenômeno que ocorre quando um metal apresenta danos de natureza eletroquímica, correlacionados com a participação de uma microbiota local.

CRESCIMENTO DEMOGRÁFICO NEGATIVO

Ocorre quando o número de pessoas que morrem é maior que o número de nascimentos.

CRESCIMENTO DEMOGRÁFICO POSITIVO

Ocorre quando o número de nascimentos é maior que o número de óbitos.

CRESCIMENTO ECONÔMICO

Índice que se baseia nos níveis de produção (produto nacional bruto) ou na renda nacional dividida pelo número de habitantes (renda *per capita*).

CRIME AMBIENTAL

Dano, previsto em legislação específica, causado ao meio ambiente por algum infrator.

Obs.: o crime ambiental pode ser doloso ou culposo. O crime doloso é aquele que ocorre com o objetivo de causá-lo e o crime culposo é aquele que ocorre acidentalmente, ou seja, sem intenção por parte do infrator.

Dd

DANO AMBIENTAL
Qualquer lesão ao meio ambiente causada por ação de pessoa física ou jurídica, de direito público ou privado.

DBO (DEMANDA BIOLÓGICA DE OXIGÊNIO)
Utilizada para exprimir o valor da poluição produzida por matéria orgânica oxidável biologicamente; corresponde à quantidade de oxigênio que é consumida pelos microrganismos de esgoto ou águas poluídas, na oxidação biológica, quando mantida a uma dada temperatura por um espaço de tempo convencionado.

DECIBILÍMETRO
Instrumento utilizado para medir a intensidade de ruído, em decibéis.

DEMOGRAFIA
Ciência que estuda as características relevantes da população, bem como sua distribuição e mobilidade.

DENSIDADE
É a razão entre massa e volume. Sua grandeza é representada em g/ml ou g/cm^3.

Obs.: se a densidade de uma substância é de 4 g/ml, significa que cada ml dessa substância corresponde a 4 gramas de massa.

DENSIDADE POPULACIONAL
É a quantidade de habitantes por quilômetro quadrado.

DENSÍMETRO FLUTUANTE

Instrumento de vidro utilizado para medir a densidade de substâncias líquidas.

Obs.: em geral, a substância é colocada em uma proveta para que o densímetro possa ser utilizado para desvendar sua densidade.

DESENVOLVIMENTO SUSTENTÁVEL

Desenvolvimento cujos princípios conceituais sugerem que devemos nos desenvolver sem prejudicar a qualidade de vida das presentes e futuras gerações.

Obs.: para que possamos nos desenvolver de uma maneira sustentável é necessário encontrar alternativas menos prejudiciais ao meio ambiente. Assim, é preciso que nossas atividades continuem sendo executadas, mas temos que substituir ações ambientalmente inadequadas por ações mais sensatas.

DESERTIFICAÇÃO

Processo caracterizado pela redução de áreas ambientalmente equilibradas, fazendo com que essas adquiram características dos desertos.

Obs.: todo ano milhares de quilômetros quadrados são transformados em regiões desérticas irrecuperáveis. Os principais motivos das desertificações são o uso de tecnologias agrícolas e pecuaristas inadequadas e as constantes queimadas. Percebe-se, assim, que o desmatamento ocorrido por meio de queimadas é um dos grandes responsáveis pela desertificação do planeta.

DESIDRATAÇÃO

Processo por meio do qual as moléculas de água são removidas de uma substância hidratada, fazendo com que essa se torne uma substância anidra.

Obs.: para transformar uma substância anidra em hidratada, basta que ela receba moléculas de água.

DESINFECÇÃO
Processo cujo objetivo consiste em eliminar microrganismos por meio da adição de cloro ou ozônio na água.

DESMATAMENTO
Prática criminosa que resulta na retirada da cobertura vegetal existente em determinada área do planeta.

Obs.: o desmatamento pode ocorrer por meio de capina ou queimada. Os motivos pelos quais os desmatamentos ocorrem são muitos, entre eles, destacam-se os fins pecuários, agrícolas e a própria expansão urbana, que cresce desenfreada nos últimos tempos.

DESRATIZAÇÃO
Processo de exterminação de ratos.

DESSALINIZAÇÃO
Separação dos sais da água do mar para sua conversão em água potável.

DESTILAÇÃO
Processo laboratorial por meio do qual se torna possível efetuar a separação de dois diferentes constituintes de uma mistura homogênea ou heterogênea com pontos distintos de ebulição.

Obs.: o constituinte da mistura, cujo ponto de ebulição é menor, acaba se desprendendo primeiro para que seja coletado em um recipiente, fazendo com que o outro constituinte permaneça no recipiente sob aquecimento.

DESTILAÇÃO FRACIONADA
Tipo específico de destilação caracterizada por sucessivas microdestilações que ocorrem em um único processo.

Obs.: as destilações fracionadas podem ser realizadas em pequena ou grande escala. As destilações de pequeno porte utilizam a coluna de Hempel para que as sucessivas microdestilações ocorram. Já as grandes destilações, realizadas em processos petroquímicos, se utilizam dos vapores provenientes das caldeiras.

DIAGNÓSTICO AMBIENTAL

Análise, de caráter analítico, que visa reconhecer características ambientais de importância em determinada área.

DIAGRAMA DE CAUSA E EFEITO

Recurso gráfico por meio do qual se torna possível visualizar as diferentes causas responsáveis pelo surgimento de um efeito qualquer.

Obs.: o diagrama de causa e efeito é também conhecido como diagrama de Ishikawa ou simplesmente espinha de peixe. Na área ambiental pode ser utilizado na identificação dos aspectos ambientais responsáveis pelo surgimento de um impacto.

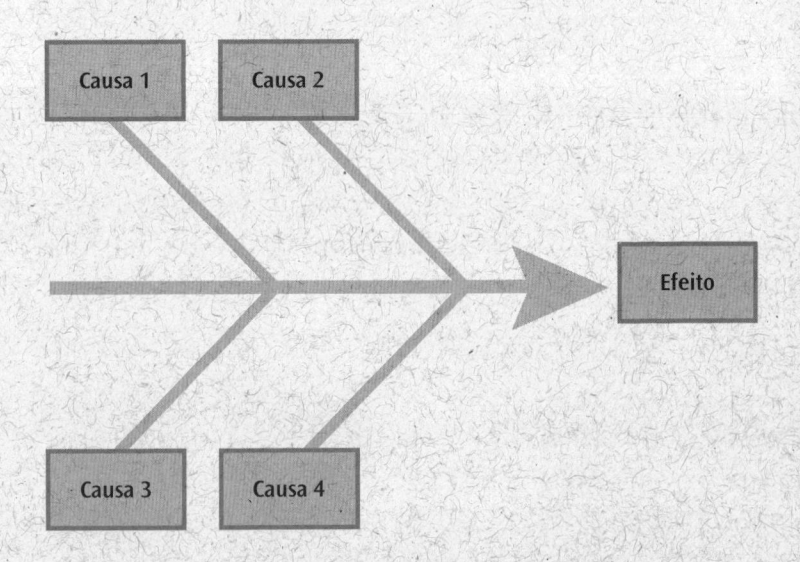

DIOXINA (TCDD)
Composto altamente tóxico e persistente, que se forma na produção de herbicidas.

DIREITO AMBIENTAL
Campo das ciências jurídicas, que se dedica ao estudo das legislações ambientais.

DISPERSANTE
Produto químico usado para quebrar concentrações de matéria orgânica. Na limpeza de derramamento de óleo é usado para limpar as águas superficiais.

DISPONIBILIDADE HÍDRICA
Quantidade de recursos hídricos existentes em determinada região para suprir as suas necessidades.

DOENÇAS DE ORIGEM HÍDRICA
Patologias provenientes tanto do consumo de água fora dos parâmetros de potabilidade como do contato com água contaminada, em que contaminantes sejam prejudiciais.

DOSE LETAL (DL)
Dose de uma substância que provoca a morte. A morte pode resultar da ingestão, inalação ou injeção dessa substância.

DQO (DEMANDA QUÍMICA DE OXIGÊNIO)
Medida da capacidade de consumo de oxigênio pela matéria orgânica presente na água ou água residuária. É expressa como a quantidade de oxigênio consumido pela oxidação química, em teste específico.

DRENAGEM
Remoção natural ou artificial da água superficial ou subterrânea de uma área.

Ee

EBULIÇÃO
Processo caracterizado pela transformação brusca de uma substância no estado líquido para o estado gasoso ou vice-versa.

ECODESENVOLVIMENTO
Desenvolvimento dotado de princípios ecológicos, ou seja, desenvolvimento consorciado com o manejo dos ecossistemas.

ECOLOGIA
Ciência que se dedica ao estudo das relações entre as espécies e seu ambiente.

ECOLOGIA MICROBIANA
Ciência que estuda a relação entre os microrganismos e seu ambiente biótico e abiótico.

Obs.: o meio biótico é o meio vivo e o abiótico, sem vida.

ECOLOGISTA
Pessoa preocupada e que participa ativamente de ações em defesa da natureza.

Obs.: enquanto os ecologistas se preocupam com a natureza, os ambientalistas se preocupam com o meio ambiente. Portanto, a gama de preocupações dos ambientalistas é sensivelmente maior.

ECOLOGIZAR
Verbo que não existe em dicionário, mas que vem sendo cada vez mais utilizado pelos ecologistas e ambientalistas. É um verbo que expressa a inserção de conceitos ecológicos em vários segmentos da sociedade.

Obs.: a ecologização se faz necessária para que um programa de educação ambiental seja devidamente conduzido.

ECOMORFOLOGIA

Ramificação da ecologia que se dedica ao estudo das relações ecológicas de um indivíduo com o meio ambiente e sua morfologia.

EDUCAÇÃO AMBIENTAL

Conjunto de ações de caráter educacional que potencializam de maneira significativa a conscientização ambiental dos educandos.

Obs.: a Educação Ambiental pode ser formal ou informal, ou seja, pode ser ministrada dentro do âmbito escolar ou fora dele. Dentro do ambiente escolar, pode ser lecionada em diferentes disciplinas, respeitando as suas especificidades ou em uma disciplina que tenha sido desenvolvida para o cumprimento deste objetivo.

EDUCAÇÃO SEXUAL

Conjunto de ações de caráter educacional que visa, prioritariamente, conceder subsídios para uma mudança comportamental, objetivando a diminuição de casos de doenças sexualmente transmissíveis e de gravidez indesejada.

EFEITO ESTUFA

Fenômeno caracterizado pela grande concentração de gases poluentes no ar atmosférico, impedindo que o calor se dissipe, aumentando, assim, a temperatura na atmosfera terrestre.

EFLUENTE

Resíduo líquido proveniente dos processos industriais.

Obs.: os efluentes precisam ser tratados antes de serem despejados ou reutilizados. Nunca devem ser despejados sem tratamento prévio, exceto em circunstâncias em que as características destes efluentes estejam dentro dos limites de aceitabilidade previstos em lei específica.

EIA (ESTUDO DE IMPACTO AMBIENTAL)

Tipo específico de estudo, necessário ao desenvolvimento de um Relatório de Impacto ao Meio Ambiente – RIMA.

ELASTÔMERO

Tipo de polímero que possui elasticidade parecida com a das borrachas naturais.

EMISSÃO ATMOSFÉRICA

Emissão de resíduos gasosos.

Obs.: a emissão de gás carbônico proveniente da combustão dos combustíveis utilizados nos veículos automotores e a emissão de outros gases poluentes por meio das chaminés das indústrias são exemplos comuns de emissão atmosférica.

ENDEMISMO

Fenômeno que se caracteriza pela existência de espécies endêmicas em determinada área geográfica.

EPIDEMIA

Surgimento descontrolado de pessoas que apresentam a mesma patologia em determinada região.

EQUÍSTICA

Ciência que se dedica ao estudo dos assentamentos humanos.

EROSÃO

Processo em que a camada superficial do solo é retirada em função de fatores específicos, sendo transportada e depositada em outro lugar.

Obs.: a erosão pode ser proveniente do impacto da água ou da ação dos ventos sobre o solo.

ERRO ABSOLUTO

Diferença entre o valor considerado padrão e o valor medido.

ESCALA DE RINGELMANN

Escala gráfica para avaliação colorimétrica de densidade de fumaça, constituída de seis padrões com variações uniformes de tonalidade entre o branco e o preto.

Obs.: Ringelmann nº 1 é equivalente a uma densidade de 20% e o nº 5, a uma de 100%, ou seja, quanto maior for a numeração, maior será a densidade da fumaça.

ESPÉCIE

Conjunto de seres vivos que descendem uns dos outros, cujo genótipo é muito parecido.

ESPORÕES

Pontas de areia formadas às margens de uma laguna costeira pelo trabalho da erosão e deposição de sedimentos resultantes da força dos ventos ou das águas.

ESTAÇÃO ECOLÓGICA

Áreas representativas de ecossistemas brasileiros, destinadas à realização de pesquisas básicas e aplicadas de ecologia, à proteção do ambiente natural e ao desenvolvimento da educação conservacionista.

ESTAÇÃO ELEVATÓRIA

Conjunto de bombas e outros mecanismos que recebem as águas conduzindo-as ao destino adequado para que sejam devidamente tratadas.

ESTAÇÃO DE TRATAMENTO DE ÁGUA (ETA)

Conjunto de instalações, dispositivos e equipamentos destinados ao tratamento da água bruta para uso público ou industrial.

Obs.: a sigla mais utilizada para designar uma estação de tratamento de esgoto é ETE. Para designar uma estação de tratamento de efluentes industriais é ETEI.

ETE (ESTAÇÃO DE TRATAMENTO DE ESGOTO)
Local específico em que o esgoto é devidamente tratado, para evitar impactos ambientais significantes, inclusive doenças provenientes do contato com o esgoto não tratado.

ETNIA
Grupo de pessoas que falam a mesma língua e possuem a mesma cultura.

ETOLOGIA
Ciência que se dedica ao estudo do comportamento dos seres vivos.

EUTRÓFICO
Meio aquático rico em nutrientes.

EVAPOTRANSPIRAÇÃO
Fenômeno que corresponde à evaporação das águas da chuva interceptadas pelas folhagens e da transpiração natural que os vegetais executam.

ÊXODO RURAL
Deslocamento exacerbado de pessoas do meio rural para o meio urbano.

EXPORTAÇÃO
Prática que consiste em vender produtos nacionais aos países estrangeiros.

EXTINÇÃO
Supressão de determinada espécie animal ou vegetal.

Ff

FALÉSIA

Termo utilizado para designar as formas de relevo existentes na região litorânea. As falésias podem ser abruptas ou escarpadas.

FATOR DE RISCO

Índice que corresponde à probabilidade de ocorrência de doença ou de seu agravo, dependendo da frequência de exposição ao fator determinante.

FAUNA

Conjunto de espécies animais que são parte de um ecossistema.

FAVELA

Tipo específico de assentamento urbano não convencional, com moradias improvisadas construídas pelos próprios moradores.

Obs.: favelas são locais em que existem muitos problemas ambientais, facilmente diagnosticados em função da inexistência de luz, água e saneamento básico. Ressalta-se que as favelas cresceram demais com o deslocamento significativo de pessoas de regiões menos favorecidas em busca de novas oportunidades.

FERMENTAÇÃO

Processo anaeróbio por meio do qual diversos organismos propiciam a decomposição de substâncias orgânicas com liberação de energia.

FERTILIDADE DO SOLO

Capacidade de produção do solo devido à disponibilidade equilibrada de elementos químicos e à conjunção de alguns fatores como água, luz e temperatura.

FERTILIZANTE

Substância natural ou artificial que melhora a fertilidade do solo.

Obs.: os fertilizantes servem também para devolver ao solo os elementos retirados por intermédio da erosão ou por culturas anteriores.

FILTRAÇÃO

Ato de filtrar uma solução, ou seja, reter as partículas em suspensão cujas dimensões sejam maiores que as dimensões do local por onde a solução passa.

FILTRO

Equipamento utilizado para efetuar sucessivas filtrações.

FILTRO BIOLÓGICO

Filtro que viabiliza a filtração da água, mediante sua passagem por um leito constituído de areia, cascalho e pedregulhos.

FILTRO MANGA

É o filtro mais indicado para diminuir os danos nocivos provenientes das emissões atmosféricas. Este equipamento permite que o ar passe, mas retém as partículas com dimensões maiores que as dos poros do filtro.

FISIOGRAFIA

Estudo das formas físicas da Terra, de suas causas e das relações existentes entre elas.

FITOPLÂNCTON

Conjunto de plantas flutuantes que faz parte de um ecossistema aquático.

FLORA

Conjunto de espécies vegetais que faz parte de um ecossistema.

FLORAÇÃO DE ALGAS (BLOOM DE ALGAS)

Proliferação sazonal de algas como consequência do enriquecimento de nutrientes em ambiente aquático.

FLOTAÇÃO

Processo que consiste em separar duas fases sólidas por meio da utilização de um líquido cuja densidade seja intermediária.

Obs.: esse processo de separação é também conhecido como levigação. Exemplo: Quando se pretende separar a serragem da areia, pode-se utilizar água.

FLUORETAÇÃO

Estágio pelo qual a água que está sendo tratada recebe pequenas doses de flúor.

FLUOROSE

Doença desencadeada em função do consumo exacerbado de flúor.

FLUXOGRAMA

Recurso gráfico por meio do qual se torna plausível visualizar diferentes etapas que fazem parte de um processo produtivo.

Obs.: o fluxograma mais simples utilizado como recurso para facilitar o entendimento de um processo qualquer recebe a denominação diagrama de blocos.

FMI (FUNDO MONETÁRIO INTERNACIONAL)

Possui 151 países-membros e foi criado em 1945.

Obs.: muitos estudiosos acreditam que o FMI foi criado após a Segunda Guerra Mundial, com o objetivo de conceder apoio financeiro às nações que quisessem se desenvolver industrialmente.

FONTE DE ENERGIA

Recurso capaz de realizar trabalho.

Obs.: o sol, o vento, as marés e o petróleo são clássicos exemplos de fontes energéticas.

FÓSSIL

Vestígio de seres vegetais ou animais, presentes nas rochas da crosta terrestre, que viveram em épocas passadas.

FOTOSSÍNTESE

Processo bioquímico que permite aos vegetais sintetizar substâncias orgânicas complexas e de alto conteúdo energético, partindo de substâncias minerais simples.

Obs.: para que esse processo ocorra é indispensável que os vegetais se utilizem da energia solar.

FOZ

Local em que um rio deságua.

Obs.: normalmente, os rios deságuam em represas ou mares.

FUNGICIDA

Substância utilizada para matar fungos.

FUSÃO

Processo caracterizado pela transformação de uma substância em estado sólido para o estado líquido.

Denominação dada ao grupo de países mais industrializados e ricos do mundo (Alemanha, Canadá, Estados Unidos, França, Inglaterra, Itália e Japão).

Obs.: percebe-se que neste grupo há dois países norte-americanos, um asiático e quatro europeus.

Gg

GALVANOPLASTIA
Ramo de atuação em que determinadas peças são submetidas a tratamento superficial. Exemplos: niquelação, zincagem e fosfatização.

GASODUTO
Tubulação por onde circulam determinados tipos de gases.

GEOGRAFIA
Ciência que estuda a superfície terrestre e a distribuição espacial de fenômenos geográficos, frutos da relação recíproca entre o homem e o meio ambiente.

GEOLOGIA
Ciência que estuda a história física da Terra, sua origem, os materiais que a compõem e os fenômenos naturais ocorridos durante as várias eras e períodos da escala geológica terrestre.

GEOMORFOLOGIA
Ciência que se dedica ao estudo das atuais formas de relevo, dando ênfase à investigação de suas origens e evoluções.

GERMOPLASMA
Material hereditário que as plantas e os animais transmitem aos seus descendentes por meio dos gametas.

GLOBALIZAÇÃO
Processo por meio do qual as informações e comunicações entre diferentes nações, mesmo que geograficamente distantes, ocorrem de forma rápida e eficiente.

Obs.: a globalização cresceu nas últimas duas décadas, com a evolução e popularização da Internet e o aumento das importações e exportações.

GLP (GÁS LIQUEFEITO DE PETRÓLEO)

O Gás Liquefeito de Petróleo é obtido por meio da destilação fracionada do petróleo.

GOLPE DE ARÍETE

Sobrepressão que as canalizações recebem quando a velocidade de um líquido é modificada bruscamente.

GRADEAMENTO

Recurso utilizado para a remoção de sólidos grosseiros em suspensão ou flutuação. Esses sólidos acabam ficando retidos nas grades ou telas do gradeamento.

GRILAGEM

Apropriação ilícita de terras por meio de expulsão de seus proprietários, posseiros ou indígenas ali residentes.

Hh

HÁBITAT

Local onde seres humanos, animais e plantas podem conviver de forma sustentável.

HALÓFILA

Plantas que necessitam de altas concentrações salinas para seu desenvolvimento.

HALOGÊNEOS

Elementos químicos eletronegativos que possuem sete elétrons de valência. Os halogêneos mais conhecidos são o bromo, o cloro, o flúor e o iodo.

HECTARE

Unidade de medida de área, muito utilizada no meio rural.

Obs.: um hectare corresponde a 10 mil metros quadrados.

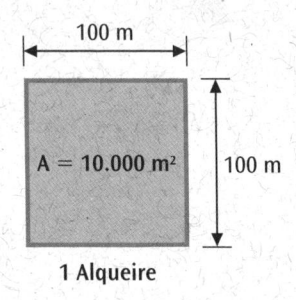

1 Alqueire

HEGEMONIA

Predominância de um grupo, classe social ou povo sobre outro.

HERBÁRIO

Coleção de espécies vegetais secas e prensadas. Serve de referência para a identificação e classificação.

HERBICIDA

Agentes químicos que eliminam ou impedem o crescimento de ervas daninhas ou plantas indesejáveis.

HIDROCARBONETO

Composto orgânico constituído de carbonos e hidrogênios em sua estrutura química.

HIDROCARBONETOS MINERAIS

Substâncias minerais de origem orgânica em cuja composição há hidrogênios e carbonos.

HIDROGRAFIA

Ramo da geografia física que trata das águas correntes, paradas, oceânicas e subterrâneas do globo terrestre.

HIDROGRAMA

Gráfico representativo da variação, no tempo, de diversas observações hidrológicas, como cotas, descargas, velocidade e carga sólida.

HIGRÔMETRO

Instrumento utilizado para medir a umidade relativa, ou seja, para diagnosticar a porcentagem de água existente em um determinado volume de ar.

HIPSOMETRIA

É a representação altimétrica do relevo de uma região no mapa, pelo uso de cores convencionais.

HÚMUS

Matéria orgânica decomposta.

Obs.: para que uma matéria orgânica se torne húmus é indispensável que sofra uma decomposição plena.

Ii

IBGE (INSTITUTO BRASILEIRO DE GEOGRAFIA E ESTATÍSTICA)

Instituição de pesquisa criada em 1936 pelo governo federal que recebeu a atual denominação em 1938. Efetua os censos demográficos e econômicos em território brasileiro.

ICEBERG

Bloco de gelo comum nas regiões glaciais, que possui apenas uma pequena parte de sua estrutura acima da superfície da água.

IDH (ÍNDICE DE DESENVOLVIMENTO HUMANO)

Índice que leva em consideração alguns fatores, como distribuição de renda, saúde, educação, oportunidades e desigualdades entre homens e mulheres em um país.

ILHA

Porção relativamente pequena de terra circundada de água doce ou salgada.

IMPACTO AMBIENTAL

Qualquer alteração benéfica ou adversa causada pelas atividades, serviços e/ou produtos de uma atividade natural (vulcões, tsunamis, enchentes, terremotos e outras) ou antrópica (lançamento de efluentes, desmatamentos e etc.).

IMPERMEABILIZAÇÃO

Processo que consiste em inviabilizar a infiltração.

IMPORTAÇÃO

Prática que consiste na compra de produtos acabados ou intermediários produzidos fora do país.

INCINERAÇÃO
É a tecnologia utilizada para a destruição de resíduos urbanos, industriais ou hospitalares por meio do processo de oxidação térmica a altas temperaturas, com a finalidade de reduzir seu potencial poluidor ou seu volume de disposição final.

INCINERADOR
Equipamento no qual ocorre a incineração.

INFLAMABILIDADE
Propriedade que certos elementos possuem de se oxidar quando em contato com o oxigênio encontrado no ar atmosférico, ou seja, propensão que certos elementos possuem de entrar em combustão.

> **Obs.:** cada substância possui seu próprio índice de inflamabilidade que é diferente de outra substância.

INSETICIDA
Substância utilizada na destruição de insetos em geral.

INSOLAÇÃO
Exposição direta aos raios solares.

INTEMPERISMO
Conjunto de processos atmosféricos e biológicos que causam a desintegração e modificação das rochas e solos.

INTOXICAÇÃO
Conjunto de sintomas provenientes do contato com substâncias consideradas tóxicas.

INUNDAÇÃO
Acumulação temporária de água. Fenômeno muito comum em terrenos com deficiência de drenagem.

IRREVERSÍVEL
Situação que não pode retornar ao estado inicial.

Jj

JAZIDA

Região natural com grande concentração de minerais ou fósseis.

Obs.: uma jazida possui grande valor econômico, pois propicia o extrativismo, ou seja, a retirada de minérios para venda. Muitos dos minérios extraídos das jazidas são utilizados como matéria-prima na produção de bens de consumo. Contudo, para que certas riquezas minerais não sejam extintas, se faz necessário encontrar formas alternativas para que os bens de consumo sejam produzidos.

JUSANTE

O sentido da correnteza num curso de água (da nascente para a foz).

Kk

KELVIN

Unidade de medida de temperatura.

Obs.: para se transformar uma temperatura representada em graus Celsius em graus Kelvin, basta utilizar a fórmula a seguir:

$$TK = TC + 273$$

LI

LAGO

Depressão natural na superfície da Terra que contém permanentemente uma quantidade variável de água. Essa água pode ser proveniente da chuva, duma nascente local, ou de cursos de água, como rios e glaciares (geleiras).

Obs.: os lagos de pequena dimensão são conhecidos como lagoas ou lagunas.

LATIFÚNDIO

Propriedade rural improdutiva ou com pequenos cultivos caracterizados pela utilização de tecnologias primitivas.

LATITUDE

Distância em graus, minutos e segundos que parte da linha do Equador em direção aos polos.

Obs.: percebe-se que quanto mais próximo da linha do Equador, menor a latitude e quanto mais distante, maior a latitude.

LAVRA

Conjunto de operações coordenadas que objetivam o aproveitamento de uma jazida.

LÉGUA

Unidade de medida de comprimento.

Obs.: uma légua corresponde a 6 quilômetros, ou seja, 6 mil metros.

LINHA DO EQUADOR

Linha imaginária que divide a circunferência terrestre em duas iguais partes (hemisfério norte e hemisfério sul).

Obs.: o hemisfério norte é aquele que se encontra acima dessa linha e o hemisfério sul abaixo.

LITORAL

1. Faixa costeira banhada por mar.
2. Faixa de terra que se situa entre a plataforma continental e o mar.

LIXIVIAÇÃO

Arraste vertical provocado pela infiltração da água.

Obs.: por meio da lixiviação, as partículas encontradas na superfície acabam rumando para camadas mais profundas.

LIXO NUCLEAR

Todo e qualquer resíduo cujo teor de radioatividade seja significativo e coloque em risco a integridade física da população.

LIXO TÓXICO

Todo e qualquer resíduo venenoso.

Obs.: baterias, pilhas, pesticidas e produtos utilizados para desentupir pias são exemplos de lixo tóxico. Esses resíduos precisam ser coletados à parte e destinados aos locais apropriados para que as providências técnicas e legais sejam tomadas.

LODO

Mistura de água, terra e matéria orgânica, formada no solo pelas chuvas ou no fundo dos mares, lagos e lagoas.

LONGITUDE

A longitude é a distância em graus, minutos e segundos que parte do meridiano de Greenwich em direção ao leste ou oeste. Esta distância pode variar entre 0 grau e 180 graus tanto para leste quanto para oeste.

Obs.: O antimeridiano do meridiano de Greenwich recebe o nome de Linha Internacional de Data, cabendo destacar que está a 180 graus do meridiano principal.

Mm

MANANCIAL

Fontes de água, superficiais ou subterrâneas, que podem ser usadas para o abastecimento público, incluindo, por exemplo, rios, lagos, represas e lençóis freáticos. Para cumprir sua função, um manancial precisa de cuidados especiais, garantidos nas chamadas leis estaduais de proteção a mananciais.

Quantidade significativa de água utilizada no abastecimento público de uma determinada região.

MANGUEZAL

Ecossistema litorâneo, que ocorre em terrenos baixos sujeitos à ação das marés.

MARÉ

Fluxo e refluxo periódico das águas do mar.

MASSA

Quantidade de matéria existente em um corpo adotado como referência.

Obs.: não confundir massa com peso. O peso é uma grandeza física que considera a aceleração da gravidade do local em que o corpo adotado como referência esteja posicionado.

MATA ATLÂNTICA

Região com mais de 1 milhão de quilômetros quadrados, estendendo-se ao longo das encostas e serras da costa atlântica.

Obs.: como a Floresta Amazônica, a Mata Atlântica também é considerada patrimônio nacional segundo a Constituição da República Federativa do Brasil.

MATÉRIA

Tudo aquilo que possui massa e ocupa lugar no espaço.

Obs.: não se deve esquecer que além das matérias de caráter macroscópico, existem matérias de caráter microscópico, ou seja, nem todas as matérias são perceptíveis aos nossos olhos. Lembre-se de que a quantidade de matéria microscópica é milhares de vezes maior que a de matéria macroscópica, existente em um mesmo ambiente.

MATÉRIA-PRIMA

Material utilizado para a produção de produto intermediário ou acabado.

Obs.: o produto intermediário é aquele que será utilizado em outro processo para a obtenção de um produto acabado.

MEDIAÇÃO

Uma das maneiras de negociar a solução de problemas e conflitos de interesse quanto ao uso e à proteção dos recursos ambientais.

MEDICINA PREVENTIVA

Área da medicina que se dedica em prevenir problemas antes que eles apareçam.

MEDIDAS COMPENSATÓRIAS

Medidas tomadas pelos responsáveis pela execução de um projeto, destinadas a compensar impactos ambientais negativos.

MEDIDAS CORRETIVAS

Medidas adotadas com a finalidade de restaurar um ambiente que sofreu degradação.

MEDIDAS MITIGADORAS

Devem ser adotadas para prevenir os impactos negativos ou reduzir suas respectivas magnitudes.

MEDIDAS POTENCIALIZADORAS

Medidas que podem ser adotadas para potencializar os impactos benéficos provenientes de um projeto.

MEIO AMBIENTE

Circunvizinhança em que uma instituição atua, incluindo ar, água, solo, fauna, flora, recursos naturais, seres humanos e suas inter-relações.

Obs.: a definição paradigmática de meio ambiente possui fronteiras mais abrangentes do que a definição paradigmática de ecologia, pois o meio ambiente não é constituído apenas do meio físico e biológico, mas sim também do meio social e cultural e suas relações com os modelos de desenvolvimento adotados pelo homem. Muitos autores consideram o meio ambiente como sendo uma teia de inúmeras inter-relações, pois seria utópico acreditarmos que ao mexermos no clima não afetaríamos a flora, e, ao mexermos na flora, não afetaríamos a fauna e assim sucessivamente.

METAIS PESADOS

Metais que podem ser precipitados por gás sulfídrico em solução ácida. Chumbo, prata, ouro, mercúrio, bismuto, zinco e cobre são exemplos de metais pesados.

METRO

Unidade de medida de comprimento.

Obs.: 1 metro corresponde a 100 centímetros, salientando que tanto seus múltiplos quanto seus submúltiplos são muito utilizados.

MICROBIOLOGIA AMBIENTAL

Ramo da biologia que se dedica ao estudo dos microrganismos e suas relações com o meio ambiente.

MICROBIOLOGIA AQUÁTICA

Ramificação científica que estuda os microrganismos e sua atividade em águas doces, de estuários e do mar, incluindo fontes, lagos, rios e oceanos.

MICROSCÓPIO

Aparelho utilizado em laboratório para visualização de elementos microscópicos, ou seja, que não podem ser vistos a olho nu. Serve também para visualização de elementos macroscópicos ou parte deles com riqueza de detalhes.

MIMETISMO

Propriedade que alguns seres vivos possuem que consiste em se modificar em função do meio em que eles estejam, fazendo com que passem desapercebidos por seus predadores.

Obs.: um dos animais que possui essa propriedade é o camaleão, que consegue se camuflar com extrema perfeição, passando desapercebido por outros predadores.

MINERAÇÃO

Processo industrial de extração de minério.

MINÉRIO

Mineral ou associação de minerais, que pode ser explorado do ponto de vista comercial.

MISTURA AZEOTRÓPICA

Mistura caracterizada pela presença de substâncias líquidas.

Obs.: uma mistura de água e álcool é um exemplo de mistura azeotrópica, pois tanto a água quanto o álcool são líquidos.

MISTURA EUTÉTICA

Mistura caracterizada pela presença de elementos estritamente sólidos.

Obs.: uma mistura de areia com limalha de ferro é um exemplo de mistura eutética, pois tanto a areia quanto a limalha de ferro são sólidas.

MISTURA HETEROGÊNEA

Mistura que apresenta duas ou mais fases.

Obs.: uma mistura de água, álcool e óleo é um típico exemplo de mistura heterogênea. Contudo, embora essa mistura seja constituída de três diferentes elementos, ela apresenta apenas duas diferentes fases, sendo considerada bifásica, pois a água e o álcool juntos formam uma só fase, já que esses elementos se misturam quando entram em contato.

MISTURA HOMOGÊNEA

Mistura que apresenta uma só fase independentemente da quantidade de elementos constituintes.

MISTURA IMISCÍVEL

Tipo específico de mistura em que seus constituintes não se misturam.

Obs.: uma mistura de água e óleo é um clássico exemplo de mistura imiscível, pois esses constituintes não se misturam, fazendo com que essa mistura apresente duas diferentes fases. Percebe-se que todas as misturas imiscíveis são heterogêneas.

MISTURA MISCÍVEL

Tipo específico de mistura em que seus constituintes se misturam.

Obs.: uma mistura de água e álcool é um clássico exemplo de mistura miscível, pois seus constituintes se misturam, fazendo com que apresente uma só fase. Percebe-se que todas as misturas miscíveis são homogêneas.

MOLÉCULA

Conjunto de átomos da mesma espécie ou de espécies distintas.

Obs.: quando uma molécula for constituída de átomos da mesma espécie, será considerada molécula de uma substância simples e quando uma molécula for constituída de átomos diferentes, será considerada molécula de uma substância composta. O gás oxigênio (O_2) é um exemplo de substância simples e o ácido fluorídrico (HF) é um exemplo de substância composta.

MONITORAMENTO

Coleta, para um propósito predeterminado, de medições ou observações sistemáticas e intercomparáveis.

MONOCULTURA

Cultivo de uma única espécie de vegetal ou animal.

MONTANTE

Sentido de "vale acima", com sentido à nascente ou de onde vem as águas do rio.

MONUMENTOS ARQUEOLÓGICOS

Jazidas de qualquer natureza, origem ou finalidade que apresentem testemunhos de culturas passadas.

MULTICULTURALIDADE

Fenômeno caracterizado pela grande diversidade cultural existente em um ambiente adotado como referência.

Nn

NÃO CONFORMIDADE
Irregularidade encontrada por meio de auditoria.

Obs.: as não conformidades apontadas por meio de uma auditoria precisam ser neutralizadas por ações corretivas que cabem ao auditado.

NASCENTE
Local em que um rio nasce.

NÉVOA
Estado de obscuridade atmosférica produzido por gotículas de água em suspensão, que restringe a visibilidade.

NINHEIRAS
Buracos escavados pelos roedores para abrigo e ninho.

NITRIFICAÇÃO
Conversão de amônia em nitratos, por bactérias aeróbias, passando por nitritos em etapa intermediária.

NÚMERO DE REYNOLDS
Número empírico por meio do qual se torna possível conhecer o regime de escoamento de um fluido.

Obs.: o regime de escoamento de um fluido pode ser laminar, de transição ou turbulento.

NUTRIENTES
Elementos ou compostos essenciais para o crescimento e desenvolvimento de organismos.

Oo

OCEANO

É cada parte da extensão de água que cobre uma superfície determinada (o Pacífico, que banha as Américas, a Austrália e a Ásia; o Atlântico, que está entre as Américas, a Europa e a África; o Índico, que banha o Sul da Índia, a África e a Austrália; o Glacial Ártico, no Polo Norte; e o Glacial Antártico, no Polo Sul).

Obs.: o Oceano que banha a costa brasileira é o Atlântico.

OCEANOGRAFIA

Ciência que se dedica ao estudo dos oceanos, suas condições físicas, sua fauna, sua flora e suas particularidades.

ODOR

Concentração de uma substância perceptível pelo aparelho olfativo.

ÓLEO

Substância composta, originária dos despejos das cozinhas domésticas e industriais.

OLEODUTO

Duto por onde passam tipos específicos de óleo.

Obs.: o objetivo de um oleoduto é fazer com que um determinado tipo específico de óleo seja recalcado de uma localidade à outra, sem que exista a necessidade de transportá-lo por meios tradicionais.

ORGANOCLORADOS

Pesticidas organossintéticos que contêm em sua molécula átomos de cloro, carbono e hidrogênio.

ORGANOFOSFATOS

Pesticidas organossintéticos que contêm em sua molécula átomos de flúor, carbono e hidrogênio.

ÓRGÃO CERTIFICADOR

Órgão responsável pela concessão de certificações às empresas contratantes de seus serviços.

Obs.: os órgãos certificadores são subordinados ao INMETRO – Instituto Nacional de Metrologia.

ÓXIDO

Substância binária, ou seja, constituída de dois diferentes elementos, sendo um deles o oxigênio.

Pp

PAISAGEM

É o território com seu contexto histórico e circunstâncias geológicas e fisiográficas que ocorrem em determinada região.

PALEOGEOGRAFIA

Elaboração de mapas parciais ou plenos de áreas existentes em eras anteriores, baseada, entre outras, em evidências geológicas, paleontológicas e pedológicas.

PÂNTANO

Área plana de abundante vegetação herbácea e/ou arbustiva, que permanece grande parte do tempo inundada, cujo ecossistema é único e diverso.

PARADIGMA

Conjunto de princípios, ideias e valores compartilhados por uma comunidade servindo de modelo e referência.

PARALELO

Linha imaginária que se encontra em paralelo à Linha do Equador.

Obs.: o Círculo Polar Ártico, o Trópico de Câncer, o Trópico de Capricórnio e o Círculo Polar Antártico são os paralelos mais conhecidos. Tanto o Círculo Polar Ártico quanto o Trópico de Câncer são paralelos localizados no hemisfério norte. Já o Trópico de Capricórnio e o Círculo Polar Antártico estão localizados no hemisfério sul.

PASSIVO AMBIENTAL

Valor monetário que se dispende com multas e ações judiciais existentes ou possíveis em função da inobservância de requisitos legais.

Obs.: os custos de implantação de tecnologias que possibilitem o atendimento às não conformidades, bem como os dispêndios necessários à recuperação de área degradada e indenização à população afetada também são exemplos de passivos ambientais.

PEDOLOGIA

Ciência que se dedica ao estudo do solo, sua morfologia, composição, distribuição espacial e classificação.

Obs.: a pedologia também é conhecida por edafologia.

PESO

É o produto entre a massa de um corpo e aceleração da gravidade do local em que esse corpo está alocado.

Obs.: a aceleração da gravidade terrestre para fins de cálculos é de 10 m/s^2. A aceleração da gravidade lunar é sensivelmente menor que a aceleração da gravidade terrestre; portanto, o peso de um corpo sobre a esfera terrestre é bem maior do que o peso desse mesmo corpo, se posicionado sobre a superfície da lua. Recorde que mesmo sobre a superfície da Terra, a aceleração da gravidade não é igual em todos os lugares. Quanto mais próximo dos polos estiver um elemento, maior será seu peso.

PESTICIDA

Qualquer substância tóxica usada para matar animais ou plantas que causam danos econômicos às colheitas ou às plantas ornamentais.

Obs.: em geral, a aplicação de pesticida requer cuidados, pois são perigosos à saúde dos animais domésticos e do homem.

PH

Potencial hidrogeniônico de uma substância ou solução.

Obs.: por meio do pH torna-se possível conhecer o caráter de uma substância ou de uma solução. O pH abaixo de 7 caracteriza acidez e, acima de tal valor, alcalinidade, significando que para aumentar o teor de acidez se faz necessário diminuir o pH e para aumentar o teor de alcalinidade é necessário elevar seu valor.

PH-METRO

Instrumento utilizado para medir o pH de uma substância ou solução.

PIEZÔMETRO

Poço de observação no qual é medido o nível freático ou a altura piezométrica.

PIRACEMA

Fenômeno caracterizado pelo movimento migratório de peixes em sentido às nascentes dos rios visando à reprodução.

PLÂNCTON

Organismos microscópicos que flutuam na zona superficial iluminada da água marinha ou lacustre. É a principal fonte de alimento dos animais marinhos.

PLANO DIRETOR

Conjunto de metas, normas, critérios e diretrizes que objetivam administrar os recursos de uma determinada área.

PLUVIÓGRAFO

Instrumento utilizado para registrar continuamente o volume de chuvas durante um período.

POEIRA

São partículas sólidas encontradas no ar em função das forças naturais dos ventos, erupções vulcânicas e terremotos.

POLÍMERO

Composto obtido por meio de reações que unem muitas moléculas iguais ou diferentes entre si repetidas vezes. A parte do polímero que se repete recebe o nome de monômero e a reação responsável pela junção dessas partes recebe o nome polimerização.

POLÍTICA AMBIENTAL

Documento por meio do qual uma organização se compromete publicamente em cumprir as legislações ambientais e explicita as metas a serem atingidas.

> **Obs.:** a política ambiental é o documento de maior relevância dentro do sistema de gestão ambiental de uma organização.

POLUIÇÃO

Efeito de caráter prejudicial, desencadeado por um ou mais agentes poluidores sobre um ecossistema.

> **Obs.:** existem diversos tipos de poluição: a poluição hídrica, atmosférica, sonora e visual são exemplos de poluição.

PONTAL

Língua de areia e seixos de mínima altura, disposta de modo paralelo, oblíquo ou mesmo perpendicular à costa que se prolonga, algumas vezes, sob as águas.

POPULAÇÃO ECONOMICAMENTE ATIVA

População ocupada ou desocupada em plena condição de trabalho, ou seja, população com a qual o setor produtivo pode contar.

POTÊNCIA ELÉTRICA

Produto entre a tensão e a corrente.

Obs.: a potência elétrica pode ser representada em Watt, ou por meio de seus múltiplos ou submúltiplos. Quanto maior a potência de um eletroeletrônico, maior o consumo proveniente de sua utilização. Em circuitos de corrente contínua, a potência elétrica pode ser obtida multiplicando-se o valor resistivo do resistor por onde a corrente flui pela sua intensidade elevada ao quadrado.

PROCESSO DE PRODUÇÃO

Processo por meio do qual a matéria-prima é transformada em produto acabado.

Obs.: entre a matéria-prima e o produto acabado existe uma sequência de etapas, cada uma com suas particularidades e funções específicas, que podem ser perfeitamente visualizadas utilizando-se um fluxograma. Existem dois diferentes tipos de processo: o processo contínuo é aquele que funciona com pequenas paradas para ajustes, manutenções ou lubrificações e o processo descontínuo que é intermitente, ou seja, funciona por pequenos períodos, sendo interrompido entre um período e outro.

PRODUTO ACABADO

Elemento proveniente de um processo produtivo, ou seja, um elemento que tenha passado por todas as etapas de um processo.

PRODUTO CONTROLADO

Tipo específico de produto que apenas pode ser utilizado mediante autorização do órgão competente.

> **Obs.:** a maioria desses produtos são autorizados e controlados pelo Comando do Exército e pela Polícia Federal.

PULVERIZAÇÃO AGRÍCOLA

Aplicação pulverizada de agrotóxicos em áreas agrícolas.

> **Obs.:** a maioria das pulverizações agrícolas de grande porte é realizada com um avião, que necessita de autorização do órgão competente para a manobra.

PUTREFAÇÃO

Decomposição biológica de matéria orgânica, com formação de odor extremamente desagradável.

Qq

QUEIMADA

Prática agrícola rudimentar, proibida pelo artigo 27 do Código Florestal, que consiste na queima da vegetação natural com o intuito de preparar o terreno para semear ou plantar.

> **Obs.:** as queimadas prejudicam a fertilidade do solo, além de promover a desertificação.

Rr

RACISMO
Manifestações verbais ou de atitudes de caráter repugnante que menospreza, agride, inferioriza ou exclui pessoas que fazem parte de uma raça.

RADIAÇÃO
Emissão e propagação de energia pelo espaço.

RAVINA
Pequenas incisões feitas na superfície do solo em função da força da água em processo de escoamento.

REAÇÃO DE ESTERIFICAÇÃO
Reação entre um ácido e um álcool para a obtenção de um éster.

REAÇÃO DE NEUTRALIZAÇÃO
Reação entre um ácido e uma base, para a obtenção de um sal em meio aquoso.

REAÇÃO QUÍMICA
Reação que ocorre entre diferentes substâncias, para a obtenção de outras com diferentes características.

Obs.: as substâncias utilizadas para viabilizar uma reação recebem o nome de reagentes, e as substâncias provenientes da reação executada recebem o nome de produtos.

RECICLADO
Produto que tenha utilizado como matéria-prima produtos que já tenham sido utilizados anteriormente.

RECICLAGEM

Processo por meio do qual materiais usados são utilizados para fabricação de outros da mesma espécie.

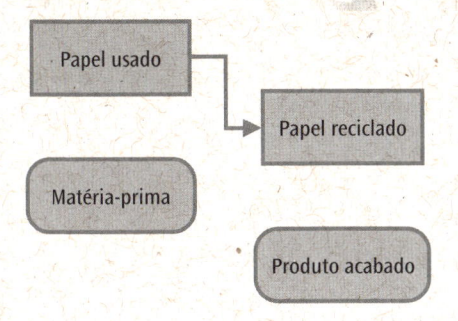

```
Papel usado ──▶ Papel reciclado
Matéria-prima
                Produto acabado
```

RECICLÁVEL

Material que depois de ser utilizado pode ser usado como matéria-prima para produção de outros materiais.

RECURSO NATURAL

Elemento encontrado e produzido na natureza.

Obs.: existem recursos naturais renováveis e não renováveis. Os recursos renováveis podem crescer novamente numa vida ou utilizados sem esgotar os recursos. Os recursos não renováveis não podem. Os recursos renováveis podem ser refeitos para muitas gerações, na medida em que as coisas que eles necessitam para crescer não sejam finitas. Os recursos não renováveis irão, claro, tornar-se cada vez mais escassos, uma vez que não podem ser mais produzidos. É necessário priorizar a utilização de recursos renováveis para poupar os não renováveis, contribuindo para que os mesmos não entrem em extinção.

REESTRUTURAÇÃO PRODUTIVA

Conjunto de ações que viabilizam a reestruturação de um processo produtivo.

Obs.: às vezes, se faz necessário encontrar formas alternativas para que nossas atividades continuem sendo desenvolvidas, ou seja, é preciso substituir ações ecologicamente inadequadas por ações menos impactantes. Para que isto se torne fato, a reestruturação produtiva precisa ser instaurada.

REFLORESTAMENTO
Processo que consiste no replantio de árvores em áreas desmatadas.

Obs.: o reflorestamento visa fazer com que uma área degradada volte a ter as mesmas características que possuía antes do desmatamento que originou a sua degradação.

REFORMA AGRÁRIA
Conjunto de medidas que viabilizam a melhor distribuição de terras. Consiste na extinção gradual de latifúndios, potencializando, assim, a justiça social.

REPELENTE
Substância que possui a propriedade de repelir insetos.

RESERVA ECOLÓGICA
Área com limites definidos que visa preservar os ecossistemas nela existentes para o fundamental equilíbrio ecológico.

RESFRIAMENTO
Técnica utilizada no combate ao fogo, que consiste na retirada do calor.

RESÍDUO
Sobra proveniente de diversos processos ou algum tipo de produto ou elemento cuja aplicabilidade esteja comprometida.

RESTINGA
Faixa de areia depositada em paralelo ao litoral por meio do dinamismo construtivo e destrutivo das águas oceânicas.

REUTILIZAÇÃO

Processo que consiste em encontrar utilidade aos materiais que já tenham sido utilizados e já não possuam condições de uso.

Obs.: a borracha dos pneus não é reciclável, ou seja, não pode ser utilizada como matéria-prima para a produção de novos pneus. Portanto, se faz necessário encontrar meios para que a borracha dos pneus usados seja reutilizada de outras maneiras. A utilização dessa borracha para a confecção de brinquedos é um clássico exemplo de sua reutilização.

RIMA (RELATÓRIO DE IMPACTO AO MEIO AMBIENTE)

Para vislumbrar a viabilidade ambiental de um empreendimento, se faz necessário realizar um estudo analítico da área em que se deseja implantá-lo. O resultado desse estudo deve ser divulgado por meio desse relatório, com as conclusões da equipe responsável por seu desenvolvimento.

ROSA DOS VENTOS

Recurso gráfico por meio do qual se torna possível visualizarmos os 4 pontos cardeais, os 4 pontos colaterais e 8 pontos subcolaterais.

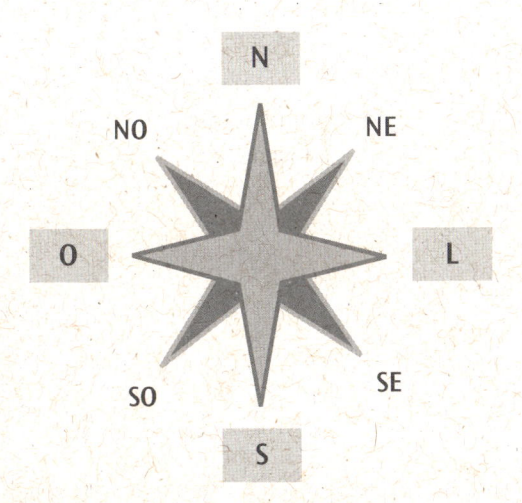

RUÍDO

Som puro ou mistura de sons, com dois ou mais tons, capaz de prejudicar a saúde, ou seja, fenômeno sonoro captado pela audição, mas não desejado pelo receptor.

Ss

SAL

Substância de caráter salino.

Obs.: existem diferentes tipos de sal. O hidrogenossal é um sal junto ao qual existe um ou mais hidrogênios inonizáveis. Já o hidróxissal é outro tipo de sal junto ao qual existe uma ou mais oxidrilas.

SATURNISMO

Doença causada pela intoxicação por chumbo.

SEDIMENTAÇÃO

1. Processo em que determinados elementos são depositados em uma área em função de seu deslocamento, ocasionado devido a diferentes fatores.

Obs.: existem depósitos de areia, cascalho e fragmentos geológicos que são transportados de uma localidade para outra devido às enxurradas e ventos.

2. Processo pelo qual a água que está sendo tratada passa para que as partículas, cujas densidades sejam maiores que a densidade da água, se sedimentem, ou seja, desçam para o fundo do tanque onde a água está contida.

SEGURANÇA OCUPACIONAL

Conjunto de conhecimentos técnicos, estratégias e ações que potencializam o combate aos acidentes de trabalho e a qualidade de vida dos profissionais envolvidos nas atividades de uma determinada empresa.

SENSORIAMENTO REMOTO AMBIENTAL

Monitoramento ambiental de uma área por meio de satélites colocados em órbita para esta finalidade.

SGA (SISTEMA DE GESTÃO AMBIENTAL)

Sistema planejado e coordenado, implantado em organizações que visam intensificar o controle de suas atividades, objetivando conhecer seus aspectos ambientais de maior relevância e preestabelecer ações que atenuem os impactos gerados, em conformidade com as legislações ambientais.

Obs.: a estrutura de um SGA na maioria das organizações segue o escopo a seguir:

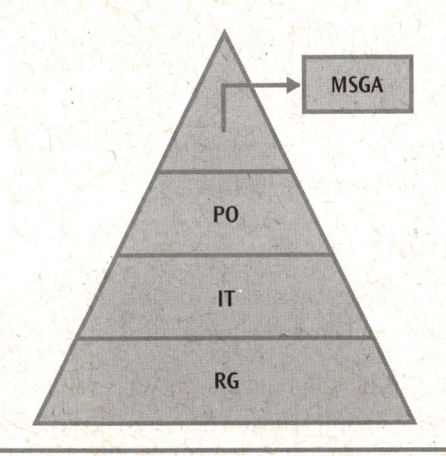

Legenda
MSGA → Manual do Sistema de Gestão Ambiental
PO → Procedimentos Operacionais
IT → Instruções de Trabalho
RG → Registros

Obs.: percebe-se que os procedimentos operacionais servem de base ao desenvolvimento das instruções de trabalho, que concedem as informações necessárias para que as atividades nas empresas sejam desenvolvidas em conformidade. E os registros servem para comprovação de que as instruções de trabalho foram criteriosamente cumpridas e devem ficar à disposição dos auditores quando da realização de auditorias.

SILICOSE

Doença pulmonar causada pela inalação de partículas finas de sílica, silicatos, quartzo, areia ou granito.

SMOG

Camada relativamente fina de ar poluído formada pelas emissões atmosféricas provenientes dos veículos automotores e das chaminés das indústrias.

Obs.: fenômeno comum nos grandes centros urbanos.

SOLIDIFICAÇÃO

Processo caracterizado pela transformação de uma substância que está no estado líquido para o estado sólido.

SOLUBILIDADE

Propriedade que determinadas substâncias possuem de se dissolver quando em contato com certos solventes.

Obs.: o índice de solubilidade de uma substância não é igual ao índice de solubilidade de outra, ou seja, cada substância possui seu próprio índice. Destaca-se que nem todas as substâncias são solúveis. As substâncias que não se solubilizam recebem a denominação de insolúveis e as substâncias que se solubilizam são chamadas de pouco solúveis.

SUBLIMAÇÃO

Processo caracterizado pela transformação de uma substância do estado sólido para o estado gasoso.

SURFACTANTES

Substâncias tensoativas, compostas de moléculas grandes, ligeiramente solúveis na água. Costumam causar espuma nos corpos d'água e são utilizadas na produção de detergentes.

Tt

TALUDE

Terreno com significativa inclinação.

TALVEGUE

Linha de maior profundidade no leito fluvial.

TAXA DE MORTALIDADE

Relação entre o número de óbitos por ano e a população absoluta de uma determinada região.

TAXA DE NATALIDADE

Relação entre o número de nascimentos por ano e a população absoluta de uma determinada região.

TECNOLOGIA

Conjunto de conhecimentos técnicos e científicos aplicados em um determinado setor de atuação.

TECNOLOGIA AMBIENTAL

Conjunto de conhecimentos técnicos e científicos aplicados às atividades ambientais.

TEMPERATURA

Quantidade de calor existente em um corpo ou em um ambiente qualquer.

Obs.: a temperatura pode ser representada de diferentes maneiras. As unidades de medida mais usuais para sua representação é o grau Celsius e o grau Farenheit.

TERMÔMETRO

Instrumento utilizado para medir a temperatura.

TERMO-HIGRÔMETRO

Instrumento que mede em conjunto a temperatura e a umidade relativa.

TOMBAMENTO

É a declaração, pelo Poder Público, do valor histórico, artístico, paisagístico ou científico de objetos que, por essa razão, devem ser preservados.

TÔMBOLO

Depósito arenoso estreito que une a praia à uma ilha próxima.

TOPOGRAFIA

Descrição estratégica de uma localidade analisada.

TRANSGÊNICO

Vegetal ou animal geneticamente modificado.

TRANSUMÂNCIA

Deslocamento periódico de gado de uma localidade para outra, com acompanhamento de um profissional.

TURFA

Depósito recente de carvões, formado principalmente em regiões de clima frio ou temperado, onde os vegetais, antes de apodrecer, são carbonizados.

Obs.: estas transformações exigem que a água seja límpida e o local não muito profundo.

Uu

UMIDADE

Pequena presença de moléculas de água em determinado elemento ou em determinado ambiente.

UMIDADE RELATIVA

Quantidade de moléculas de água em um determinado volume de ar, representada em porcentagem.

Obs.: se a umidade relativa do ar é de 40%, significa que 40% do ar atmosférico daquela região é de moléculas de água.

USINA HIDROELÉTRICA

Local em que a energia potencial da água é transformada em energia elétrica.

USINA TERMOELÉTRICA

Local em que a energia térmica, proveniente da combustão dos gases, é transformada em energia elétrica.

Vv

VAPORIZAÇÃO

Processo caracterizado pela transformação de uma substância que está no estado líquido para o estado gasoso.

Obs.: a vaporização é também conhecida como evaporação.

VAZÃO

Produto entre a velocidade com que um fluido se desloca e a área da tubulação por onde ele escoa.

$$Q = v \cdot A$$

Obs.: quando a velocidade de deslocamento do fluido estiver em m/s e a área da tubulação em m^2, a vazão será representada em m^3/s. Ressalta-se que a vazão é a mesma em diferentes pontos de uma mesma tubulação, pois em regiões cujas áreas são menores, a velocidade é maior e vice-versa, o que pode ser facilmente percebido por meio de um tubo de Venturi.

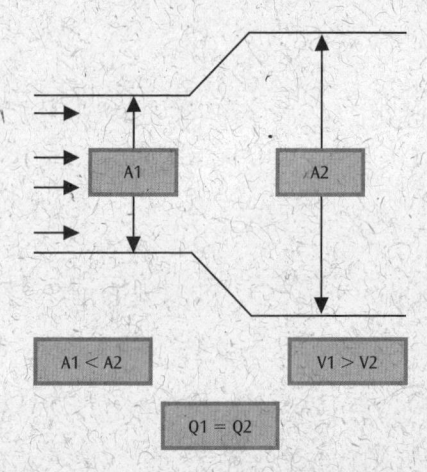

A1 < A2

V1 > V2

Q1 = Q2

VISCOSIDADE

Propriedade caracterizada pela resistência de uma substância qualquer ao escoamento.

Obs.: quanto maior for o tempo de escoamento de uma substância, maior será sua viscosidade e vice-versa. Lembre-se de que nem sempre as substâncias mais densas são as mais viscosas. A água, por exemplo, é mais densa que o óleo, porém é menos viscosa.

VISCOSÍMETRO

Instrumento por meio do qual a viscosidade de uma substância é determinada.

VOÇOROCA

Escavação profunda do solo ou de rocha decomposta, originada pela erosão superficial, em geral em terrenos arenosos.

Xx

XEROMÓRFICO

Vegetal dotado de recursos estruturais para prevenir a perda de água por evapotranspiração. São vegetais protegidos contra a seca, ou seja, vegetais que vivem em áreas com baixíssimos índices pluviométricos.

Zz

ZONA

Região com limites definidos, existindo diversos tipos de zona. Zona industrial, zona de preservação da vida silvestre, zona de uso diversificado, zona estritamente industrial, entre outros.

ZOOPLÂNCTON

Conjunto de animais, em geral, microscópios, que flutuam nos ecossistemas aquáticos e que, embora tenham movimentos próprios, são incapazes de vencer as correntezas.

2ª Parte

EDUCAÇÃO AMBIENTAL

INTRODUÇÃO

Se fosse solicitado para que um aluno universitário nos redigisse uma definição sobre o meio ambiente, provavelmente obteríamos uma definição diferente daquela que um político nos concederia. O universitário nos forneceria uma definição baseada em suas referências acadêmicas, enquanto o político faria uma definição baseada em suas convicções políticas. Percebe-se que a definição varia em função da forma com que o tema é observado e em função dos referenciais que temos como base. Assim concluímos que existem diferentes definições acerca de um mesmo tema e que todas elas podem ser aceitas desde que devidamente fundamentadas.

Contudo, mais importante que definirmos o meio ambiente, é respeitá-lo e reconhecermos a importância que ele exerce sobre cada um de nós.

Não podemos nos esquecer que, ao respeitar o meio ambiente, estamos indiretamente respeitando uns aos outros, pois o meio em que vivemos é o resultado das inter-relações entre os diferentes tipos de vida e os recursos naturais existentes. Dessa forma, seria utopia acreditar que ao mexermos nos recursos naturais não afetaríamos os seres humanos, assim como não é possível acreditar que ao mexermos na flora, a fauna não seria negativamente influenciada. Sempre que alterarmos um dos constituintes do meio ambiente, estaremos influenciando os demais. Eis o motivo pelo qual o meio ambiente pode ser representado como uma grande teia, em que seus diferentes constituintes se inter-relacionam.

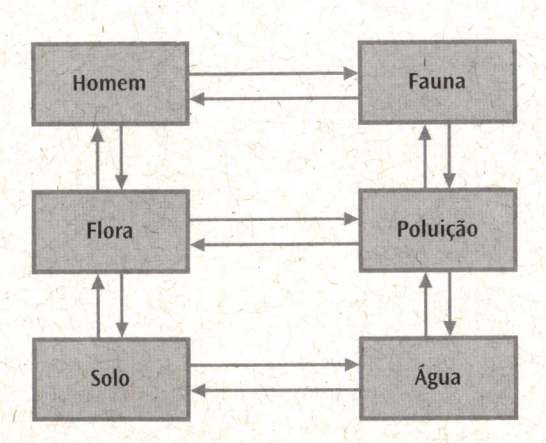

Hoje muito se fala da necessidade de preservarmos os recursos da natureza e de nos desenvolvermos sustentavelmente; no entanto, pouco tem sido feito no âmbito educacional para que isto se torne realidade, mesmo que a própria Constituição Federal exija um programa de educação ambiental em todos os níveis de ensino em seu artigo 225, parágrafo primeiro, item VI.

Os princípios conceituais do desenvolvimento sustentável sugerem que nos desenvolvamos sem prejudicarmos o meio ambiente em que vivemos, ou seja, é necessário encontrarmos alternativas menos impactantes para que nossas atividades continuem sendo realizadas.

Contudo, apenas será possível a escolha de meios alternativos para a execução de nossas atividades se estivermos devidamente conscientizados e conhecermos as diferentes opções de escolha. E para que a conscientização surja em meio à sociedade em que vivemos e essas opções se tornem evidentes, é imprescindível que as pessoas sejam instruídas, e que essa instrução seja ministrada no sentido de demonstrar o quão importante é agirmos corretamente para com o meio ambiente.

Isso não significa em hipótese alguma que o poder público e as escolas sejam os únicos culpados pela inexistência da consciência ambiental na sociedade. A população também possui sua parcela de culpa, pois, segundo a Constituição Federal, ela também deve defender e preservar o meio ambiente. Além disso, mesmo que as informações não sejam difundidas na sociedade, existem inúmeras fontes que podem ser acessadas pelos cidadãos quando interessados em seu aperfeiçoamento social.

Outro aspecto que precisa ficar bem claro é que a Constituição exige que a educação ambiental seja ministrada nas escolas, o que não significa a exigência de se criar uma disciplina com esse nome, pois é plenamente possível inserir conceitos ambientais que visem a tão necessária conscientização nas disciplinas que já fazem parte da grade curricular do ensino fundamental e médio.

COLETA SELETIVA E RECICLAGEM

Em dias de fortes chuvas, é possível percebermos a imensa quantidade de lixo que se acumula às adjacências dos locais em que vivemos ou trabalhamos, pois muitas pessoas agem inadequadamente, desencadeando impactos ambientais prejudiciais ao meio ambiente. Muitos desses impactos poderiam ser evitados se os resíduos gerados não fossem deixados em qualquer lugar, como lamentavelmente acontece.

Isso nos faz acreditar que muitas pessoas não desenvolveram a consciência ambiental necessária, mesmo que instruídas, pois a conscientização só vem à tona em circunstâncias em que essas pessoas se sensibilizam e decidem mudar suas atitudes, com o objetivo de viabilizar o desenvolvimento sustentável.

É comum observarmos pessoas que foram instruídas no sentido de agirem corretamente e que, no entanto, nos envergonham com suas atitudes; sem contar que nem sempre os mais pobres são os que mais prejudicam o meio ambiente como muitos imaginam.

Se, por um lado, por diversos motivos, existem evidências de que as escolas públicas não conseguem desempenhar adequadamente as funções para as quais foram criadas, deixando, assim, a parte mais pobre da sociedade sem as informações de que tanto necessita, por outro, existe a parte mais rica da sociedade que nem sempre age de forma ambientalmente correta, mesmo que essas informações tenham sido amplamente discutidas nas escolas privadas em que seus componentes estudam.

Assim sendo, é possível encontrarmos pessoas sem instrução agindo de maneira correta e pessoas altamente instruídas agindo inadequadamente, embora acredite que o poder público deveria criar condições para que todos cidadãos pudessem ter o igual nível de instrução, para que se desenvolvessem em pé de igualdade. Porém, vivemos uma sociedade capitalista, onde, lamentavelmente, o privilégio de se desenvolver com todos os recursos necessários acaba sendo exclusivo dos que detêm o capital, ou seja, os mais ricos, e que nem sempre são os que mais nos deixam orgulhosos com suas atitudes. Muitas vezes, a ambição desenfreada, o consumismo exacerbado e a falta de preocupação com os demais habitantes do planeta, acabam fazendo com que suas ações não sejam exemplares.

No entanto, o que poderia ser feito para que os resíduos gerados não prejudicassem o meio ambiente?

Em primeiro lugar, é necessário que não nos esqueçamos de que o lugar de lixo é no lixo e que muito daquilo que jogamos no lixo pode ser reaproveitado. Essa atitude faria com que diminuíssimos drasticamente a quantidade de resíduos no planeta e poupássemos os recursos da natureza, pois quando se reutiliza um material para produção de um outro da mesma espécie, estamos evitando a extração de certos recursos naturais utilizados como matéria-prima na confecção de determinados bens de consumo. No entanto, para que resíduos recicláveis sejam reaproveitados é necessário que os lixos sejam coletados separadamente.

Dessa maneira, é necessário separarmos o que pode ser reaproveitado do que não pode. Cada tipo de lixo deve ser depositado em uma lixeira específica. Portanto, é imprescindível que as escolas se preocupem com a implantação de uma coleta seletiva para que os resíduos recicláveis possam ser vendidos ou trocados por coisas que tenham serventia no âmbito escolar e os não recicláveis destinados aos locais apropriados. Essa mudança traria infinitos benefícios para a escola e para a comunidade situada aos seus arredores.

Com os recursos financeiros angariados, por meio das vendas dos resíduos recicláveis, as escolas poderiam investir em melhorias estruturais, compra de livros para ampliar o número de títulos em suas bibliotecas e assim sucessivamente. Todavia, não adianta implantar uma coleta seletiva na escola, sem que os docentes, funcionários e alunos da instituição estejam conscientes da necessidade de participar efetivamente do projeto, pois conheço casos em que os resultados atingidos não foram os esperados, uma vez que as pessoas jogavam lixo orgânico nos cestos de resíduos metálicos, resíduos metálicos nos de vidros, vidros nos cestos de papéis, papéis nos cestos de resíduos perigosos etc.

Existem seis passos que precisam ser seguidos para que um projeto como esse seja implantado com sucesso em uma instituição escolar em que uma ação depende da outra, ou seja, para que se obtenha êxito na ação posterior é necessário que a anterior tenha sido cumprida adequadamente. Não é possível obtermos sucesso na implantação se não cumprirmos todos os requisitos da sequência proposta.

ETAPAS PARA IMPLANTAÇÃO DA GESTÃO DE RESÍDUOS

1. Fazer um trabalho de conscientização coletiva.
2. Definir quem serão os responsáveis pela retirada dos resíduos recicláveis gerados.

3. Colocar os cestos de coleta seletiva em locais estrategicamente escolhidos.

4. Fazer um acompanhamento periódico dos resíduos gerados e dos benefícios obtidos.

5. Prestar contas, por meio de relatórios, tabelas e planilhas, para que todos percebam que a mudança de certos hábitos e o empenho de cada um não foi em vão.

6. Promover periodicamente, e sempre que necessário, treinamentos que visem reciclar conceitos que talvez estejam caindo em esquecimento e que convençam os novos funcionários e alunos a participar efetivamente do projeto em andamento.

CÓDIGO DE CORES PARA CESTOS DE COLETA SELETIVA

COR	RESÍDUO
Azul	Papel
Vermelho	Plástico
Amarelo	Metal
Verde	Vidro
Marrom	Lixo Orgânico

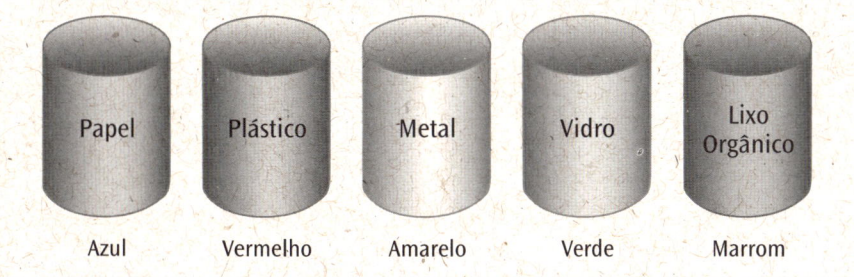

Papel	Plástico	Metal	Vidro	Lixo Orgânico
Azul	Vermelho	Amarelo	Verde	Marrom

Obs.: a tabela e os desenhos anteriores mostram as cores mais utilizadas nas escolas; porém, isso não significa que sejam todas. As demais cores podem ser visualizadas na terceira parte desse livro.

A coleta seletiva viabiliza a reciclagem e a consequente diminuição de resíduos no planeta. É de fundamental importância lembrarmos que certos resíduos levam muito tempo para se decompor. Portanto, em vez de permitirmos que eles sejam destinados aos aterros, seria interessante que os utilizássemos como matéria-prima para a produção de outros da mesma espécie. A seguir apresenta-se alguns exemplos para que possamos conhecer o tempo de decomposição de certos resíduos.

RESÍDUO	TEMPO DE DEGRADAÇÃO (anos)
Vidro	10 mil
Lata de aço	10
Papel	1/4 (3 meses)
Lata de alumínio	mil
Borracha	100

RECICLAGEM DO VIDRO

O vidro é obtido por meio da mistura de areia, barrilha, calcário, feldspato e aditivos derretidos a aproximadamente 1.550°C, formando uma massa semilíquida. A maioria dessas matérias-primas é proveniente do exterior ou de jazidas em esgotamento sediadas no país. Além destas substâncias, existem também pequenas quantidades de outras impurezas encontradas na própria matéria-prima, como o óxido de ferro, e algumas podem ser adicionadas intencionalmente, de acordo com a qualidade do vidro que se pretende obter, como corantes e metais como o ferro, cobalto, cromo e manganês.

Na reciclagem do vidro, o caco funciona como matéria-prima já balanceada, podendo substituir o feldspato, pois precisa de menos temperatura para fundir. Os cacos de vidro devem ser separados por cor (transparente, marrom ou verde). O vidro comum funde a uma temperatura entre 1000°C e 1200°C, enquanto a temperatura de fusão da fabricação do vidro, a partir dos minérios acima mencionados, ocorre entre 1500°C e 1600°C. Nota-se, assim, que a fabricação do vidro a partir dos cacos economiza energia dispendida na extração. A economia de energia é a principal vantagem do processo, pois reflete na durabilidade dos fornos.

Os cacos de vidro são conduzidos para a indústria de vidro que os usa como matéria-prima na fabricação de novos vidros. O material é fundido em fornos de altas temperaturas junto à matéria-prima virgem (calcário, barrilha, feldspato, entre outros).

O Brasil, no entanto, só recicla 14,2% do vidro que consome, ficando o restante em algum lugar da natureza por tempo indeterminado.

RECICLAGEM DO AÇO

As latas de aço produzidas com chapas metálicas, conhecidas como folhas de flandres, têm como principais características a resistência, inviolabilidade e opacidade. São compostas por ferro e uma pequena quantidade de estanho ou cromo que as protegem contra oxidação e evitam por mais de 2 anos a decomposição dos alimentos. Quando reciclado, o aço volta ao mercado em forma de automóveis, ferramentas, vigas para construção civil, arames, vergalhões, utensílios domésticos e, inclusive, novas latas.

No Brasil são consumidas 600 mil toneladas de latas de aço por ano, o equivalente a quatro quilos por habitante. Nos EUA, o consumo anual foi de 2,8 milhões de toneladas em 1991, que representa cerca de 37 bilhões de latas, ou seja, 15,5 quilos por habitante.

Dezoito por cento das latas de aço consumidas no Brasil são recicladas, equivalendo a cerca de 108 mil toneladas por ano. Nos Estados Unidos, 48% das embalagens de aço retornaram à produção de aço em 1993. No Japão, a taxa é de 61%. Se o Brasil reciclasse todas as latas de aço que consome atualmente, seria possível evitar a retirada de 900 mil toneladas de minério de ferro por ano, prolongando a vida útil de nossas reservas minerais. Além disso, deixaria de ocupar 8,6 milhões de metros cúbicos em aterros todos os anos e proporcionaria uma economia de 240 milhões de Kwh de energia elétrica – equivalente ao consumo de 4 bilhões de lâmpadas de 60 watts, sem falar nos 45 milhões de árvores nativas que deixariam de ser cortadas para a produção de carvão vegetal, usado como redutor do minério de ferro. Por fim, cabe ressaltar que, apenas na cidade de São Paulo, são jogadas diariamente no lixo 360 toneladas de latas de aço usadas.

RECICLAGEM DO PAPEL

O papel ondulado é usado basicamente em caixas para transporte de produtos para fábricas, depósitos, escritórios e residências. Em geral, chamado papelão, embora o termo não seja tecnicamente correto, este material tem uma camada intermediária de papel entre suas partes exteriores, disposta em ondulações. O Brasil tem reciclado 720 mil toneladas de papel ondulado por ano, representando 48,9% do total de aparas encaminhadas para reciclagem. A produção nacional é de 1,2 milhão de toneladas por ano. Sessenta por cento do volume total de papel ondulado consumido no Brasil é reciclado. Nos EUA, a taxa é de 55%, ficando abaixo apenas do alumínio. No mercado norte-americano, as caixas onduladas têm 21% de sua composição proveniente de papel reciclado. Muitas caixas têm coloração marrom em suas camadas. Algumas, contudo, usam uma camada branca, conhecida como *mottled white*, composta por papel branco reciclado.

O preço médio do papelão em São Paulo é de seis centavos por quilo. Em minha opinião, o mais importante não é o benefício financeiro que se obtém com a venda dos papéis coletados em cestos de lixo apropriados, mas, sim, o respeito à vida, pois com a reciclagem do papel, estamos evitando o corte de muitas árvores, e todos sabemos a importância que as árvores possuem em nossas vidas.

RECICLAGEM DO ALUMÍNIO

A lata de alumínio é usada basicamente como embalagem de bebidas. Cada brasileiro consome em média 25 latinhas por ano, volume bem inferior ao norte-americano que é de 375 latinhas a cada 365 dias. Além de reduzir o lixo que vai para os aterros, a reciclagem desse material proporciona significativo ganho energético. Para reciclar uma tonelada de latas, gasta-se 5% da energia necessária para produzir a mesma quantidade de alumínio pelo processo primário.

Este fato significa que cada latinha reciclada equivale ao consumo de um aparelho de TV durante 3 horas. A reciclagem evita a extração da bauxita.

Sessenta e um por cento da produção nacional de latas é reciclada. Em 1996, o índice foi de 61%. Os números brasileiros superam países industrializados como Japão (57%), Inglaterra (23%), Alemanha (22%) e Itália (22%). Os EUA recuperam 63%, o que equivale a 62 bilhões de latas por ano. O preço médio das latinhas de alumínio em São Paulo é de sessenta e cinco centavos por quilo, o que equivale a 64 latinhas.

RECICLAGEM DA BORRACHA

O Brasil produz cerca de 32 milhões de pneus por ano. Quase um terço dessa quantia é exportado para 85 países e o restante é utilizado nos veículos nacionais. Apesar do alto índice de recauchutagem no país, que prolonga a vida do pneu em 40%, a maior parte, já desgastada pelo uso, é depositada em lixões, margens de rios, estradas, e até no quintal das casas onde acumulam água e acabam atraindo insetos transmissores de doenças. Os pneus e câmaras de ar consomem cerca de 70% da produção nacional de borracha e sua reciclagem é capaz de devolver ao processo de produção insumo regenerado por menos da metade do custo da borracha natural ou sintética. Além disso, economiza energia e poupa petróleo usado como matéria-prima virgem e melhora, inclusive, as propriedades de materiais feitos com borracha.

Dez por cento das 300 mil toneladas de sucata disponíveis no Brasil para obtenção de borracha regenerada são recicladas. No entanto, não há dados sobre a taxa referente às demais formas de reciclagem de pneus. Sabe-se, porém, que os chamados "carcaceiros" recuperam mais de 14 milhões de pneus por ano, sob diversas formas. Os EUA, que geram 275 milhões de pneus velhos, têm em estoque cerca de 3 bilhões de carcaças.

Espero ter sido claro de que a reciclagem de resíduos é extremamente importante. Não se esqueça de que a reciclagem só é possível caso exista coleta seletiva. Quanto mais instituições implantarem uma gestão de resíduos em suas dependências, mais resíduos poderão ser reciclados para que sejam utilizados como matéria-prima na confecção de produtos necessários em nossa sociedade.

INFLUÊNCIAS SOCIAIS NO COMPORTAMENTO AMBIENTAL

As influências sociais possuem forte relação com o comportamento ambiental das pessoas na sociedade. O meio ambiente em que as pessoas se desenvolvem está tão ligado ao comportamento dessas pessoas que muitas chegam ao ponto de apresentar patologias.

Alguns autores partem de uma hipótese norteadora de que é a crise socioeconômica, política e cultural, além da crise espiritual e do seu efeito no cotidiano das pessoas, que causa essas patologias.

Outros nos mostram que não existe uma crise específica, mas sim que esses elementos nada mais são do que as consequências da modernidade, de uma época em que se perdeu alguns parâmetros importantes, como, por exemplo, confiança e segurança em relação ao progresso material e tecnológico.

Estamos diante de uma multirreferencialidade conceitual sobre as causas dos problemas sobre os quais a população se queixa. É óbvio que, para um pedagogo, que observa a problemática sob a ótica pedagógica, as causas são diferentes das de um médico, pois um profissional da área médica possui forte propensão em analisar a mesma problemática por outro viés. O viés com que a problemática é observada varia de acordo com nossos referenciais e com a área do conhecimento com a qual atuamos.

Mas, em um aspecto específico, a multirrefencialidade é unânime, pois todos sabem que muitos problemas de saúde possuem causas psicológicas. E, no mundo contemporâneo, estamos mais propensos a esses tipos de problema do que em épocas em que a vida era mais saudável e menos estressante.

A própria psicologia psicossomática menciona que a somatização dos problemas psíquicos de uma pessoa, muitas vezes desencadeada em função das influências que o meio exerce sobre elas, pode resultar em problemas de saúde, como, por exemplo, taquicardia e pressão alta.

ÁGUA: USO CONSCIENTE

O Brasil é um dos mais belos e fascinantes países do mundo. Temos a maior biodiversidade do planeta, pois são inúmeras as espécies animais e vegetais que fazem parte de nosso território. Entretanto, os problemas ambientais existentes são muitos, já que nem todos os brasileiros se conscientizaram da necessidade de preservação do meio em que vivem e da utilização adequada dos recursos naturais ainda disponíveis. O problema das águas é um dos mais graves, embora muitas pessoas acreditem que se trate de um problema inventado pelos meios de comunicação. A verdade é que, embora vivamos num planeta constituído por aproximadamente 70% de massa líquida, 97% de nossas águas são salgadas, 2% se encontram na forma de gelo junto às calotas polares e apenas 1% podem ser consumidas, sendo que 33% das águas em condições de consumo encontram-se em profundidades inexploráveis.

Desta forma, apenas 0,67% das águas do mundo podem ser consumidas e boa parte desse percentual se encontra em situação deplorável, devido às constantes agressões ao meio ambiente. Portanto, é urgente nos conscientizarmos da necessidade de preservação do pouco de água que ainda nos resta.

É muito importante demonstrarmos, por meio de tabelas, a quantidade de água que gastamos para que nossas necessidades básicas sejam atendidas, o que não significa que tenhamos que deixar de fazer as coisas que precisam ser feitas. Significa, apenas, que se faz necessário economizarmos, ou seja, usarmos certas estratégias para que nossas atividades passem a ser realizadas de forma alternativa, para que o consumo de água diminua, para que não tenhamos de sofrer com a carência desse precioso e indispensável líquido da natureza.

Mas como pode faltar água se moramos num país em que as precipitações são constantes?

Isto pode ocorrer porque a quantidade de água proveniente das chuvas não tem sido suficiente para que o nível das represas aumente. A água que evapora das represas e que é utilizada para abastecer a sociedade é muito maior que a quantidade de água que retorna às represas em forma de chuva. Além disso, em determinadas situações, chove em localidades que não precisam de água e não chove nos locais em que existe a eminente necessidade de chuva.

Veja a seguir uma tabela que mostra a quantidade de água que gastamos em nosso cotidiano para realizar tarefas corriqueiras:

ATIVIDADE	CONSUMO VALOR MÉDIO (litros)
Lavar as mãos (Tempo médio)	007
Fazer a barba (Tempo médio)	075
Escovar os dentes (Tempo médio)	018
Banho (15 minutos)	144
Lavar a louça (15 minutos)	243
Regar o jardim (10 minutos)	186
Lavar a calçada (15 minutos)	279
Lavar o carro (30 minutos)	388

Fonte: SABESP

É importante demonstrar que, ao economizarmos água, estaremos reduzindo as possibilidades de racionamento e diminuindo os gastos provenientes do consumo exacerbado.

A água é um líquido gratuito. Nós pagamos o tratamento pelo qual ela passa para que chegue às nossas residências em condições de uso. O problema é que, hoje, a quantidade de reagentes químicos, utilizados nas estações de tratamento para que a água seja potabilizada, é muito maior que a quantidade de reagentes utilizados há algumas décadas.

Percebe-se que o gasto das estações de tratamento de água aumentou, e se não mudarmos certos hábitos continuará aumentando. Isso, provavelmente, fará com que o tratamento se torne mais caro e atinja os bolsos da sociedade. Outro problema gravíssimo é a quantidade de toxinas consideradas perigosas encontradas nas represas: é inadmissível que pessoas se banhem nessas águas e que nelas pesquem.

As toxinas encontradas nas represas são provenientes de algas que se desenvolvem em ambientes eutróficos, ou seja, em ambientes ricos em matéria orgânica que serve de alimento para esses seres vivos. Essas algas, consideradas perigosas em função das toxinas que liberam quando mortas e em decomposição, são conhecidas como cianofícias ou cianobactérias. Muitas dessas toxinas liberadas são mortais.

Veja adiante uma tabela por meio da qual se torna possível visualizarmos algumas toxinas.

GÊNERO	TOXINA	CATEGORIA
Anabaena Circinalis	anatx / sxtn / neosxtn	Neurotóxica
Anabaena Flos-Aquae	Anatx	Neurotóxica
Anabaena Lemmermannii	Anatx	Neurotóxica
Cylindrospermopsis sp	Cilindropermopsina	Cito/ Hepato/ Neurotóxica
Microcystis aeruginosa	Mcyst	Hepatotóxica

Fonte: Informações fornecidas pela SABESP, em visita técnica à ETA Rio Grande.

Depois de ler este capítulo, creio que você se tornará mais consciente. Minha sugestão é de que essas questões sejam comentadas com seus alunos e com as demais pessoas com as quais vocês atuam, ampliando a conscientização para esse grave problema.

> Cada litro de água tratada que chega em nossas residências gera um litro de esgoto. Eis o motivo pelo qual o valor de nossas faturas corresponde ao dobro da quantidade de água que consumimos, o que significa que se fossem consumidos 100 litros, pagaríamos por 200. Temos de pagar pelo tratamento pelo qual a água passa para ser potabilizada e pelo tratamento do esgoto.

ACONTECIMENTOS AMBIENTAIS

Muitas são as ocorrências que nos entristecem e nos fazem refletir sobre o futuro do planeta em que vivemos. Neste capítulo farei uma breve abordagem sobre alguns itens responsáveis pela crise ambiental em que estamos, direta ou indiretamente, inseridos.

CRESCIMENTO POPULACIONAL DESENFREADO

Segundo o IBGE, em 1970, a população brasileira era constituída de 93.139.037 habitantes. Já em 2000, era praticamente o dobro da população residente no país há 30 anos (169.799.170 habitantes). Nota-se que a população cresceu desenfreadamente nos últimos anos e as vagas no mercado de trabalho não cresceram na mesma proporção, tornando-se insuficientes para absorver todas as pessoas existentes em território nacional em condições de trabalho, mesmo que devidamente preparadas.

Existem algumas pessoas que discordam de minha opinião, pois, para elas, se a população não tivesse crescido tanto, a produção industrial existente para atender às necessidades e anseios dos consumidores também não teria crescido, ou seja, o desemprego também seria dramático. Porém, entendo que se a produção dobra não significa que sejam contratados o dobro de funcionários já existentes, mesmo que algumas contratações acabem se concretizando.

Se houvesse um planejamento familiar talvez a realidade fosse outra. Mas para que as famílias planejem o nascimento de seus filhos é necessário que saibam usar os métodos contraceptivos adequadamente, embora muitos se recussem em utilizá-los por imposição da igreja.

Há educadores que não enxergam relação entre educação sexual e educação ambiental. Contudo, no meu modo de entender, a educação sexual está inserida na educação ambiental, pois pessoas que se relacionam sexualmente com determinadas precauções melhoram sua qualidade de vida, evitando os riscos de contrair doenças sexualmente transmissíveis e uma gravidez indesejada.

Outro aspecto que precisa ser levado em consideração é que com o crescimento explosivo da população nos grandes centros, os poucos espaços naturais existentes acabam sendo ocupados. Com isso a quantidade de pessoas por metro quadrado aumenta, sem contar a geração de resíduos. E esses resíduos precisam ser destinados aos aterros, e uma vez que são poucas as áreas disponíveis, em breve não teremos para onde destinar o lixo que geramos. Nesse sentido, a educação ambiental também precisa conscientizar as pessoas para que evitem desperdícios, uma das alternativas possíveis para diminuirmos a quantidade de lixo que geramos todos os dias.

O município de Diadema (grande São Paulo) tinha, em 2000, segundo o IBGE, perto de 357.064 habitantes. Considerando que a área do município é de 17 km², podemos dizer que no município existiam 21 habitantes por metro quadrado, ou seja, um verdadeiro absurdo.

Mas a população de Diadema nem sempre foi tão elevada assim, pois em 1970 eram apenas 78.914 habitantes, ou seja, 4,6 habitantes por metro quadrado.

Isto significa que, em apenas 30 anos, a população munícipe quase quintuplicou. Porém, o espaço físico continuou igual e a quantidade de pessoas vivendo neste espaço é muito maior, sem contar que a quantidade de lixo gerado também. Se a população duplica, a geração de resíduos também duplica; se a população de Diadema quintuplicou, a quantidade de lixo também deve ter se tornado cinco vezes maior.

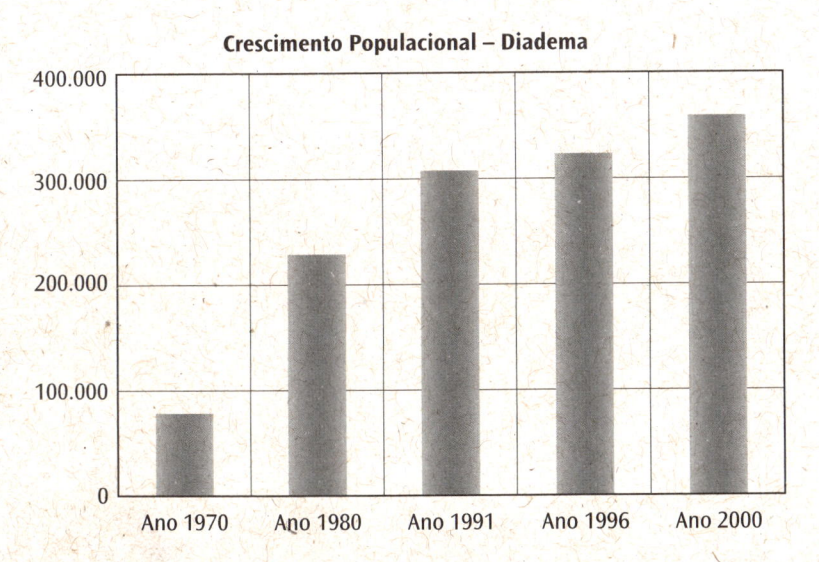

Crescimento Populacional – Diadema

VANDALISMO

O vandalismo é outro problema grave junto aos grandes centros urbanos. Apenas na cidade de São Paulo são depredados 80 mil telefones públicos por mês. Seria cômico, se não fosse triste, pois, 1 orelhão em 4 disponíveis é depredado por mês. Segundo o diretor da Companhia Telefônica, se a empresa não fizesse a manutenção ou substituição dos orelhões depredados, bastariam 4 meses para que todos os telefones públicos da cidade deixassem de ter serventia.

Nossos monumentos e obras arquitetônicas também são vítimas constantes de atos de vandalismo. A quantidade de monumentos e muros pichados atualmente é um verdadeiro absurdo, pois essas pichações, além de causarem prejuízos financeiros, acabam gerando poluição visual, revelando a falta de consciência por parte dos infratores.

A Divisão de Parques e Jardins da Prefeitura Municipal do Rio de Janeiro gasta 300 mil reais por ano para recuperar espaços socais e monumentos depredados. É inadmissível que pessoas danifiquem coisas necessárias para todos.

É evidente que a escola por si só, não consegue reverter este quadro, mas ela tem responsabilidade parcial sobre atos de vandalismo, pois as instituições escolares deveriam mostrar aos educandos os prejuízos provenientes de atos inconsequentes e o quanto esses atos retardam o desenvolvimento sustentável da nação devido ao grande capital desprendido para recuperação dos bens danificados, que poderia ser utilizado para outros fins. Ao meu ver, o poder público deveria criar meios para coibir atos de vandalismo, que são verdadeiros atentados ao patrimônio público ou privado. Além do desvio de personalidade e a falta de formação educacional por parte dos vândalos, a impunidade e a falta de fiscalização são fatores que claramente contribuem para que esses atos, considerados criminosos, continuem sendo praticados.

Os munícipes, que têm seus muros pichados, e os comerciantes, que têm seus estabelecimentos comerciais depredados, principalmente em dias de jogos de futebol, ficam no prejuízo, pois nada é feito para ressarcir essas vítimas. Em minha opinião, os vândalos, além de serem punidos com rigor, deveriam arcar com todas as despesas que se fizessem necessárias para recuperar o bem depredado.

CAMADA DE OZÔNIO X POLUIÇÃO ATMOSFÉRICA

A camada de ozônio é a responsável pela filtração dos raios provenientes do Sol. O raio ultravioleta, quando atravessa a camada de ozônio, perde parte de sua potencialidade. Considerando que essa camada possui partes descontínuas devido aos impactos ambientais de caráter negativo causados ao meio ambiente durante longos e sucessivos anos, o raio é filtrado de forma deficiente, chegando à superfície da Terra com grande potencial destrutivo. Assim, é um dos principais responsáveis pela grande incidência de câncer de pele e pelo derretimento das geleiras.

Para evitar o câncer de pele recomenda-se o uso de protetor solar. O protetor deve ser usado sempre, em todas as estações do ano, em todos os dias do ano. Mesmo que não estejamos no verão, o Sol estará sempre emitindo radiações que não são plenamente filtradas pela camada de ozônio. A diferença entre o verão e as demais estações do ano é que no verão as radiações solares são mais intensas. Portanto, a prevenção deve ser constante.

É claro que usando protetor solar estaremos protegidos, mas seria muito melhor se a camada de ozônio estivesse em condições de desempenhar sua função com plena eficiência, pois o câncer de pele é apenas um dos problemas aos quais estamos suscetíveis.

O derretimento das geleiras polares é outro problema gravíssimo que já fez com que algumas ilhas deixassem de existir e provavelmente fará com que cidades desapareçam se não revertermos a situação em que a camada de ozônio se encontra. Portanto, creio que devemos agir com extrema urgência. Se deixarmos para que as futuras gerações façam o que nós mesmos podemos fazer, talvez seja tarde demais.

O uso indiscriminado de aerossóis durante muitos anos também contribuiu para o rompimento da camada de ozônio.

Os aerossóis deixaram de ser usados indiscriminadamente, mas a poluição atmosférica continua existindo. O próprio monóxido de carbono, proveniente da combustão dos combustíveis utilizados pelos veículos automotores, já é um grave agente poluidor.

Existindo a possibilidade de escolha entre gasolina e álcool é preferível usarmos o álcool como combustível de nossos veículos, pois a quantidade de monóxido de carbono proveniente da combustão do álcool é muito menor do que a emitida pela gasolina.

O álcool é também mais acessível e a matéria-prima com que é produzido (cana-de-açúcar) se renova em maiores proporções que a matéria-prima utilizada para a produção da gasolina e do querosene (petróleo).

Penso que se adotássemos o álcool como combustível aumentaríamos a necessidade de produção, o que geraria novos empregos em território nacional, até porque nosso solo e clima são extremamente propícios ao cultivo da cana. E, além disso, outro problema social poderia ser resolvido se o governo cedesse terras improdutivas aos sem-terra para o cultivo de cana, viabilizando, assim, uma reforma agrária inteligente.

DESPEJO DE EFLUENTES INDUSTRIAIS

A água que usamos hoje para lavar nossos alimentos tem grandes probabilidades de já ter sido utilizada em circunstâncias anteriores. Existe, inclusive, a possibilidade de que a água que estamos utilizando seja a mesma que utilizamos para dar descarga do banheiro em dias anteriores. A água que usamos para dar descarga vai para as represas. As estações de tratamento fazem a captação e o tratamento para que essa possa ser devolvida à população em condições de uso. Assim, se não existissem essas estações, nós, seres humanos, não teríamos água em condições de uso nas grandes cidades.

No entanto, para que a água seja tratada é necessário que um processo complexo seja realizado. É evidente que quanto mais poluída estiver a água, maior deve ser a complexidade do tratamento. As indústrias que geram efluentes em seus processos produtivos e não os tratam antes de serem despejados, além de estarem infringindo a lei, estão, de certa forma, dificultando o tratamento da água que foi contaminada. Nesse sentido, a educação ambiental também deve ser ministrada em indústrias, para que empresários e funcionários se conscientizem da necessidade de encontrarem formas alternativas para que seus processos produtivos sejam executados.

Às vezes, é necessária uma reestruturação produtiva nos moldes adotados para atenuar impactos e se enquadrar nas legislações ambientais. As indústrias que se conscientizam e agem corretamente aumentam a credibilidade no meio de atuação, evitam constrangimentos e multas aplicadas pelos órgãos fiscalizadores, otimizam os recursos disponíveis e contribuem para a qualidade de vida de seus funcionários e da comunidade. Além disso, os funcionários devidamente conscientizados acabam sendo reprodutores de conceitos entre seus familiares e amigos.

Considero que todo funcionário que fosse contratado deveria passar por um treinamento de educação ambiental, pois muitos seriam os benefícios obtidos pela empresa e maiores ainda seriam os benefícios gerados ao meio ambiente.

ALGUMAS CONSIDERAÇÕES

Existem inúmeras divergências ideológicas temporais entre os docentes que compõem o sistema educacional brasileiro sobre os fatores que ocasionam uma atitude desrespeitosa para com o meio ambiente. Contudo, este é um momento em que devemos deixar de lado nossas divergências e unirmos forças para preservarmos o planeta em que vivemos, para deixá-lo em condições adequadas para as futuras gerações. É um momento oportuno para refletirmos sobre o mundo que deixaremos para nossos filhos e netos se não agirmos corretamente no presente.

Assim, como é praticamente impossível recuperarmos alunos formados que não tenham desenvolvido as competências e habilidades mínimas necessárias para que se formassem, tornar-se-ia igualmente difícil recuperarmos espaços sociais que tenham sido degradados.

Não permitam que a desonância[1] cognitiva venha à tona. Se cada leitor levar as informações aqui adquiridas a três outras pessoas e essas três a outras três, assim sucessivamente, em curto prazo teremos uma multidão de pessoas conscientizadas.

---

1 Nome dado ao fenômeno caracterizado pelo conjunto de ações que tomamos contra nossa própria vontade. Quando agimos de uma forma querendo agir de outra, estamos diante desse fenômeno.

Educação Ambiental e Gestão de Resíduos

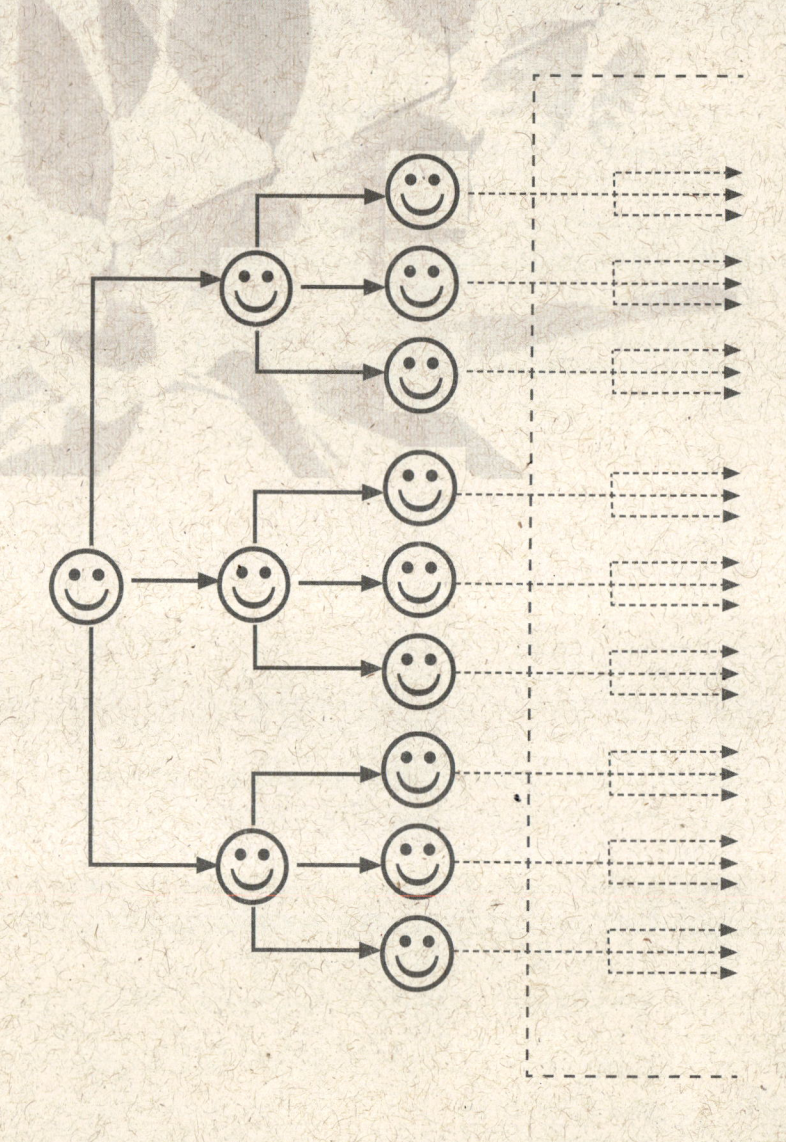

CONSCIENTIZAÇÃO PROGRESSIVA

Hoje muito se fala em inclusão social. O problema é que da forma como a educação vem sendo conduzida, estamos proporcionando uma inclusão aparente, não real, ou seja, estamos viabilizando a permanência do aluno na escola, mas estamos fazendo com que ele seja colocado à margem da sociedade após a conclusão do curso por falta dos conhecimentos que evitem sua exclusão. Caso o aluno formado não comprove conhecimentos mínimos para exercer uma ocupação profissional, não conseguirá encontrar seu espaço ao sol e não obterá a qualidade de vida indispensável para o equilíbrio social. Para que a educação seja considerada inclusiva é necessário que as propostas pedagógicas estejam focadas em ensinar o que o aluno precisa levar como bagagem após a conclusão do curso e naquilo que faz com que ele aja corretamente no meio em que vive para que a sociedade consiga se desenvolver sustentavelmente.

Quando um escritor escreve um livro, ele divide seu conteúdo em capítulos. Cada capítulo deve possuir início, meio e fim, para que as informações contidas sejam claramente compreendidas pelos leitores. Os capítulos devem ser colocados em ordem, ou seja, os capítulos, cujo entendimento depende de capítulos anteriores, devem ser colocados posteriormente. Se, no capítulo 2 de um livro, existem conceitos considerados indispensáveis ao entendimento do capítulo 3, é indispensável que o capítulo 2 esteja antes do 3, senão não será possível seu entendimento.

Com a educação ambiental ocorre a mesma coisa, ou seja, os conceitos ambientais básicos devem ser ensinados antes dos conceitos mais complexos. Torna-se muito difícil conscientizar adultos que não tenham tido acesso aos conceitos considerados básicos. É necessário que as escolas existam, uma vez que atualmente há inúmeras instalações físicas consideradas instituições escolares, mas que não desempenham o papel que as escolas deveriam desempenhar.

Espero, sinceramente, que políticas ambientais educacionais sérias e comprometidas com o desenvolvimento social sejam urgentemente adotadas.

As belas obras de Deus não devem deixar de existir e os semelhantes não devem viver de um modo tão desigual.

3ª Parte

GESTÃO DE RESÍDUOS

RESÍDUOS

Resíduos são sobras que, na maior parte das vezes, deixa de ter utilidade para a fonte geradora.

Os resíduos podem ser sólidos, líquidos, sendo conhecidos como efluentes, em se tratando de geração industrial, ou como esgoto, em se tratando de geração residencial ou comercial, ou, ainda, gasosos, também chamados emissões atmosféricas.

A gestão de resíduos será discutida em partes nas próximas páginas desse livro, começando por resíduos sólidos, depois resíduos líquidos e, por último, resíduos gasosos.

GESTÃO DE RESÍDUOS SÓLIDOS

Segundo a norma NBR 10004, os resíduos sólidos são classificados em:

Classe 1: **Resíduos perigosos.** Correspondem a ¼ do total de resíduos gerados no território brasileiro. Precisam ser retirados, transportados e destinados aos locais apropriados por pessoas e empresas devidamente qualificadas e em conformidade com as normas e leis em vigência, pois oferecem sérios riscos ao meio ambiente.

Classe 2A: **Resíduos orgânicos em geral.** Embora não sejam considerados perigosos, poluem, pois quando em decomposição geram chorume e gás metano.

Classe 2B: **Resíduos inertes, ou seja, resíduos que não interagem com o meio ambiente.** Não são perigosos e não poluem, mas ocupam lugar no espaço. Devem ser encaminhados para reciclagem, diminuindo, assim, a quantidade desse tipo de resíduo no planeta e a extração de recursos naturais. Com a reciclagem dos resíduos de classe 2B, torna-se possível aumentarmos a vida útil dos aterros.

Até pouco tempo atrás esses resíduos eram classificados em 1, 2 e 3, ou seja, os resíduos de classe 2 passaram a ser denominados 2A e os resíduos de classe 3 de 2B.

RESÍDUOS HOSPITALARES

Os resíduos hospitalares (cortantes, perfurantes e infectantes) precisam ser armazenados em sacos plásticos de cor branca devidamente identificados. Esses resíduos precisam ser retirados, transportados e destinados aos locais apropriados de modo adequado, evitando a contaminação das pessoas envolvidas na execução dessas tarefas e do meio ambiente.

Muitas vezes, esses resíduos são destinados às Unidades de Tratamento de Resíduos (UTRs) onde são triturados, fazendo com que sejam totalmente descaracterizados, e, depois, são inertizados, mediante a incidência de ondas eletromagnéticas, provocando a morte dos microrganismos vivos de caráter patogênico.

Dessa maneira, os resíduos podem ser transportados para aterros comuns, evitando a contaminação do meio ambiente. Nota-se que os resíduos que chegam nas UTRs são considerados perigosos, mas quando saem dali são considerados resíduos comuns e podem ser destinados aos aterros sem oferecer riscos.

Outra alternativa para os resíduos hospitalares é a sua destinação para incineração, que resulta em cinzas. Nota-se, desta forma, que independente da fonte geradora optar pelo envio de seus resíduos para uma UTR ou para incineração, o produto proveniente dos tratamentos citados serão encaminhados aos aterros.

EXEMPLOS DE APLICAÇÃO

1. Um caminhão com resíduos hospitalares cortantes, perfurantes e infectantes provenientes de um grande complexo hospitalar da cidade de São Paulo chegou à UTR (Unidade de Tratamento de Resíduos) com peso de 5,5 toneladas. Calcule o valor da nota fiscal de cobrança emitida para o complexo hospitalar citado, sabendo-se que o peso de saída do caminhão era de 2,5 toneladas e que a UTR cobra R$ 1.500,00 por tonelada.

    Total de resíduos destinados para tratamento = Peso de entrada = Peso de saída

Total de resíduos destinados para tratamento = 5,5 − 2,5

Total de resíduos destinados para tratamento = 3,0 toneladas

Valor da Nota Fiscal = 3,0 × R$ 1.500,00

Valor da Nota Fiscal = R$ 4.500,00

2. Se o valor da nota fiscal de cobrança emitida pela UTR para um complexo hospitalar foi de R$ 875,00, descubra quantos quilos de resíduos foram destinados para tratamento, sabendo-se que a UTR cobra R$ 350,00 por tonelada de resíduos.

$$\text{Total de resíduos destinados para tratamento} = \frac{\text{Valor da Nota Fiscal}}{\text{Preço do Tratamento por Tonelada}}$$

$$\text{Total de resíduos destinados para tratamento} = \frac{R\$\ 875,00}{R\$\ 350,00}$$

Total de resíduos destinados para tratamento = 2,5 toneladas

Total de resíduos destinados para tratamento = 2.500 kg

3. Se o peso de saída do caminhão era de 3 mil kg e o valor da nota fiscal de cobrança que a UTR gerou à fonte geradora era de R$ 900,00, descubra o peso de entrada do caminhão, sabendo-se que a UTR cobra R$ 300,00 por tonelada de resíduos.

$$\text{Total de resíduos destinados para tratamento} = \frac{\text{Valor da Nota Fiscal}}{\text{Preço do Tratamento por Tonelada}}$$

$$\text{Total de resíduos destinados para tratamento} = \frac{R\$\ 900,00}{R\$\ 300,00}$$

Total de resíduos destinados para tratamento = 3,0 toneladas

Peso de entrada = Total de resíduos destinados para tratamento + Peso de saída

Peso de entrada = 3 T + 3 mil kg

Peso de entrada = 6 T ou 6000 kg

OBSERVAÇÕES RELEVANTES

1. É extremamente importante não esquecer que a responsabilidade legal pelos resíduos gerados é de quem os gera. Portanto, mesmo que a fonte geradora tenha contratado uma empresa especializada para que seus resíduos sejam retirados, transportados, tratados e destinados aos locais apropriados ela não se isenta da responsabilidade que a legislação lhe atribui. Neste sentido, é de fundamental importância que as fontes geradoras contratem serviços de empresas cuja reputação não seja duvidosa, e que as fontes geradoras certificadas pela ISO 14001 façam auditorias em seus fornecedores de serviços sazonalmente, com a finalidade de verificar a maneira com que esses fornecedores trabalham. Em circunstâncias em que fique diagnosticado que a empresa, cujos serviços estejam em vias de ser contratados, não está agindo em conformidade com as leis e normas vigentes, a empresa que está conduzindo a auditoria tem duas alternativas: a primeira consiste em solicitar à empresa auditada para que se adeque para posterior credenciamento e a segunda em procurar outros fornecedores.

2. É de fundamental importância explicitar que existem três tipos distintos de auditorias: as auditorias de primeira parte são as famosas auditorias internas, realizadas por profissionais treinados da própria empresa. Estas auditorias têm a finalidade de diagnosticar as não conformidades existentes na empresa e preestabelecer as ações corretivas que visem à neutralização, permitindo, assim, a melhoria contínua da organização, devido às determinações legais e exigências do mercado. As auditorias de segunda parte, que são aquelas que devem ser realizadas em nossos fornecedores de produtos ou serviços, que têm a finalidade de credenciá-los ou recredenciá-los como fornecedores de nossa instituição. E as auditorias de terceira parte, que são as auditorias externas, realizadas por auditores contratados, têm por finalidade certificar ou recertificar nossa empresa.

3. As auditorias de terceira parte são realizadas por órgãos certificadores, cujos serviços tenham sido contratados. Existem vários órgãos certi-

ficadores e todos são subordinados ao INMETRO; eis o motivo pelo qual junto aos certificados emitidos pelas certificadoras existe o timbre deste órgão federal.

A GESTÃO DE RESÍDUOS: FINALIDADE E BENEFÍCIOS

A principal finalidade da gestão de resíduos sólidos é fazer com que os resíduos gerados sejam coletados em separado, para que os resíduos recicláveis sejam vendidos ou doados, e os não recicláveis destinados aos locais apropriados, evitando a contaminação do meio ambiente.

Os resíduos de classe 1 devem ser destinados aos aterros classe I, os resíduos de classe 2A aos aterros classe II e os resíduos de classe 2B doados ou vendidos.

Junto aos aterros para onde resíduos de classe 1 são destinados é imprescindível que existam geomembranas de polipropileno para evitar a contaminação do solo e dos lençóis freáticos. Nos aterros para onde são destinados os resíduos orgânicos, em geral, também existe a necessidade desses impermeabilizantes, para que o chorume que se desprende dos resíduos não contamine o solo nem os eventuais cursos d'água existentes abaixo dele. Em geral, o chorume proveniente da decomposição de resíduos orgânicos é drenado para um tanque de onde é retirado por sucção e transportado por caminhões-pipa às estações de tratamento de esgoto. Já nos locais para onde os resíduos de classe 2B são enviados caso não sejam doados ou vendidos para que sejam utilizados no processo de produção de novos bens de consumo, não existe a necessidade de impermeabilização do solo, pois estes resíduos são inertes, ou seja, não entram em decomposição e, por não serem perigosos, não oferecem riscos ao meio ambiente, embora ocupem muito espaço e isso seja um aspecto preocupante.

Contudo, apenas se torna possível vendermos ou doarmos os resíduos recicláveis e destinarmos os não recicláveis aos locais adequados se forem coletados separadamente. Eis o motivo pelo qual a coleta seletiva é de extrema importância. Veja a seguir as cores oficiais que devem ser adotadas para que a coleta seletiva seja realizada de forma adequada.

COR	RESÍDUO
Azul	Papel
Vermelho	Plástico
Verde	Vidro
Amarelo	Metal
Preto	Madeira
Laranja	Resíduos perigosos
Branco	Resíduos ambulatoriais e de serviços de saúde
Lilás	Resíduos radioativos
Marrom	Resíduos orgânicos
Cinza	Resíduos gerais não recicláveis, misturados ou contaminados, não passíveis de separação

Fonte: *Resolução CONAMA nº 275*, de 25 de abril de 2001.

Veja a seguir alguns dos benefícios gerados por meio da gestão de resíduos sólidos:

- Diminuição na extração de recursos naturais.
- Diminuição de probabilidades de enchentes em dias de chuva.
- Diminuição da probabilidade de contaminação do solo e dos recursos hídricos.
- Diminuição da quantidade de lixo enviado aos aterros, aumentando sua vida útil.
- Geração de empregos.
- Arrecadação de valores com a venda dos resíduos recicláveis.
- Melhora da imagem da empresa no mercado.

EXERCÍCIOS RESOLVIDOS

1. Analise a situação a seguir e calcule a arrecadação anual, o gasto anual e o saldo anual:

Total de resíduos gerados pela empresa: 100 mil kg por mês

Metal	20%	Resíduo orgânico	25%
Plástico	30%	Resíduo ambulatorial	25%

Preços para venda

Metal	R$ 100,00 por tonelada
Plástico	R$ 300,00 por tonelada

Preços para retirada, transporte, tratamento e destinação final

Resíduo orgânico	R$ 150,00 por tonelada
Resíduo ambulatorial	R$ 250,00 por tonelada

RESOLUÇÃO

Resíduos gerados mensalmente = 100 mil kg = 100 toneladas

20% de metal = 20 toneladas

30% de plásticos = 30 toneladas

25% de resíduo orgânico = 25 toneladas

25% de resíduo ambulatorial = 25 toneladas

Resíduos vendidos:

Metal = 20 T. × R$ 100,00 = R$ 2.000,00 por mês

Plástico + 30 T. × R$ 300,00 = R$ 9.000,00 por mês

Arrecadação mensal   Total = 2.000,00 + 9.000,00 = R$ 11.000,00

Resíduos retirados, transportados, tratados e destinados por empresas contratadas:

Resíduo orgânico = 25 T. × R$ 150,00 = R$ 3.750,00 por mês

Resíduo ambulatorial = 25 T. × R$ 250,00 = R$ 6.250,00 por mês

Gasto mensal   Total = 3.750,00 + 6.250,00 = R$ 10.000,00

Saldo mensal = Arrecadação − Gasto = R$ 1.000,00

Arrecadação anual: R$ 11.000,00 × 12 = R$ 132.000,00
Gasto anual: R$ 10.000,00 × 12 = R$ 120.000,00
Saldo anual: R$ 1.000,00 × 12 = R$ 12.000,00

2. Assinale abaixo a alternativa que diz respeito aos resíduos sólidos de classe 2B (inertes e recicláveis):

   a) plásticos, pilhas e resíduos orgânicos;

   b) plásticos e resíduos radioativos;

   c) plásticos e vidros;

   d) plásticos, vidros, papéis, resíduos radioativos e resíduos hospitalares.

3. Coloque "V" para afirmações verdadeiras e "F" para afirmações falsas:

   (V) Com a reciclagem de determinados tipos de resíduo, torna-se possível aumentar a vida útil dos aterros, além de diminuir a extração de recursos naturais e contribuir para o desenvolvimento sustentável do planeta.

   (V) Os resíduos sólidos de classe 2A geram chorume quando em decomposição. Eis o motivo pelo qual o solo dos aterros para onde esses resíduos são destinados precisa ser impermeabilizado de forma correta com geomembranas de polipropileno.

   (V) O petróleo pode ser poupado com a reciclagem de materiais de plástico e alguns recursos minerais com a reciclagem do vidro.

   (V) Para propiciar a reciclagem se faz necessário coletar os resíduos recicláveis separadamente, dando-lhes destinação apropriada.

4. Existe uma resolução federal do Conselho Nacional do Meio Ambiente que preestabelece uma cor para cada tipo de resíduo, facilitando a coleta seletiva, tão necessária para a destinação dos resíduos recicláveis para indústrias que os utilizem como matéria-prima para que novos bens de consumo sejam produzidos. Com base nessas informações, associe a coluna da esquerda com a coluna da direita:

   (1) metal   (4) azul
   (2) plástico   (3) verde
   (3) vidro   (2) vermelho
   (4) papel   (1) amarelo

5. Com a reciclagem dos papéis, vidros e plásticos, torna-se possível poupar os seguintes recursos naturais, respectivamente:
   a) eucaliptos, petróleo e recursos minerais;
   b) recursos minerais, petróleo e eucaliptos;
   c) petróleo, recursos minerais e eucaliptos;
   d) **eucaliptos, recursos minerais e petróleo.**

EFLUENTES

Os efluentes gerados pelas indústrias não podem ser colocados em contato com o ambiente extrafabril sem um tratamento adequado. Nota-se, desta forma, que os efluentes podem ser tratados para posterior despejo, ou, então, para reutilização na própria indústria, diminuindo os custos com consumo de água.

EXEMPLO DE APLICAÇÃO

Observe o esquema abaixo e calcule o Prazo de Retorno em meses:

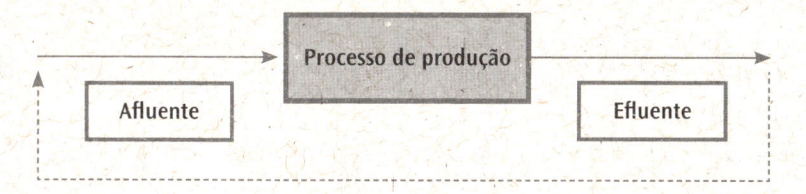

Afluente → Processo de produção → Efluente

Investimento para o tratamento
dos efluentes e posterior reutilização: R$ 36.000,00
Economia anual com consumo de água: R$ 72.000,00

Economia mensal com consumo de água = Economia anual com consumo de água / 12

Economia mensal com consumo de água = R$ 72.000,00 / 12

Economia mensal com consumo de água = R$ 6.000,00

Prazo de Retorno = Investimento / Economia mensal com consumo de água

Prazo de Retorno = R$ 36.000,00 / R$ 6.000,00

Prazo de Retorno = 6 meses

Isto significa que, em 6 meses, a empresa recuperaria o montante investido com os equipamentos e a sua instalação para que os efluentes tratados pudessem ser reaproveitados. Salienta-se que o prazo de retorno é também conhecido como *pay back* e trata-se de um importante indicativo, para que a empresa saiba quanto tempo será necessário para reaver o valor que pretende investir. O *pay back* pode ser determinado em meses ou anos. Para a determinação em meses, basta dividir o investimento pela economia mensal como fizemos no exemplo de aplicação, e para a determinação em anos, basta dividir o investimento pela economia anual. Recomenda-se determinar o *pay back* em anos somente em casos em que seja evidente que o retorno será superior a 12 meses.

Outro indicativo que julgo importante, chama-se rentabilidade. É sempre recomendado calcular a rentabilidade da implantação de nossos projetos. Se quiséssemos calcular a rentabilidade do projeto citado no exemplo, bastaria fazer o seguinte:

$$\text{Rentabilidade mensal} = \frac{\text{Economia mensal com consumo de água}}{\text{investimento}}$$

Rentabilidade mensal = R$ 6.000,00 / R$ 36.000,00

Rentabilidade mensal = 0,1667 × 100

Rentabilidade mensal = 16,67%

Verifica-se que um projeto como esse geraria uma rentabilidade mensal de 16,67%. Supondo que a maioria dos produtos oferecidos pelo mercado financeiro com baixo grau de risco conferisse aos seus investidores uma rentabilidade de 2% ao mês, fica fácil perceber a viabilidade econômica do projeto. Se o montante investido no projeto fosse deixado em um desses investimentos do mercado financeiro, a empresa jamais obteria a mesma rentabilidade.

Se multiplicássemos a economia anual com consumo de água (R$ 72.000,00) por 10, poderíamos verificar que depois de recuperado o capital investido, a empresa lucraria R$ 720.000,00 por década. Esse valor jamais seria obtido se o valor investido (R$ 36.000,00) houvesse sido deixado em aplicações do mercado financeiro, supondo que essas gerassem uma rentabilidade média mensal de 2%.

Espero que por este exemplo de aplicação tenha ficado claro que existem meios antecipados de conhecer determinados detalhes de como evoluirão os investimentos com o objetivo de proporcionar o desenvolvimento sustentável.

OBRIGATORIEDADE DO TRATAMENTO DE EFLUENTES

As empresas são obrigadas por lei a tratar os efluentes que geram. Em circunstâncias em que isso não ocorre, a empresa poderá ser autuada pelos fiscais do órgão fiscalizador em sua área de jurisdição. O órgão fiscalizador é um órgão estadual, ou seja, cada Estado do território brasileiro tem o seu. O órgão fiscalizador do Estado de São Paulo é a CETESB.

EMISSÕES ATMOSFÉRICAS

As emissões atmosféricas também devem ser monitoradas de forma adequada pelas indústrias, evitando a poluição do ar atmosférico. Esses monitoramentos podem ser feitos de diversas maneiras. Em geral, as indústrias utilizam filtros-manga, que filtram as partículas maiores, evitando o contato dessas com o ambiente externo, ou lavadores de gases, que acabam retendo os gases prejudiciais ao meio ambiente por meio de uma lavagem em contrafluxo.

Contudo, seria melhor que fossem desenvolvidos combustíveis alternativos, ou seja, combustíveis que poluíssem menos e desempenhassem as mesmas funções que os tradicionalmente utilizados.

EXEMPLO DE APLICAÇÃO

Supondo que o álcool butílico desempenhasse a mesma função que o álcool etílico, qual dos dois deveria ser utilizado como combustível?

Álcool Etílico
$C_2H_5OH + 3O_2 \rightarrow 2CO_2 + 3H_2O$

Álcool Butílico
$C_4H_9OH + 6O_2 \rightarrow 4CO_2 + 5H_2O$

Por meio das reações de combustão vistas anteriormente, torna-se fácil perceber que o álcool butílico gera o dobro de dióxido de carbono que o álcool etílico. Isto significa que se ambos desempenhassem a mesma função, o ideal seria priorizar a utilização do etílico.

Se você olhar para as reações de combustão disponibilizadas, fica fácil perceber que o álcool butílico gera mais dióxido de carbono quando em combustão por possuir uma quantidade maior de carbonos em sua estrutura química. Portanto, quanto mais carbonos existirem na estrutura química de um combustível, mais dióxido de carbono esse irá gerar.

Se isto é verdade, pode-se dizer que a gasolina gera mais CO_2 que o álcool, pois a gasolina é um derivado do petróleo, que, por sua vez, é um hidrocarboneto de cadeia longa, ou seja, é repleto de carbonos em sua estrutura. Portanto, tendo como substituir a gasolina por álcool, minha sugestão é de que substituam.

Curiosidades

O QUE FAZER COM O SOLO CONTAMINADO COM HIDROCARBONETOS?

Hoje existe uma tecnologia que se chama dessorção térmica. O objetivo desta tecnologia é tratar solos contaminados com hidrocarbonetos, como gasolina, óleo diesel, querosene, entre outros. O solo contaminado é aquecido a uma temperatura que viabiliza a desagregação dos constituintes orgânicos, mediante a volatilização, sem que ocorram alterações nas suas propriedades físicas. Dessa forma, a concentração de hidrocarbonetos no solo diminui ou desaparece, dependo do caso, fazendo com que o solo possa ser reutilizado de diversas formas, podendo, inclusive, ser devolvido ao contratante dos serviços para reaproveitamento no próprio local em que a contaminação tenha ocorrido. Ressalta-se, ainda, que os constituintes volatilizados são encaminhados para uma câmara de pós-combustão onde são destruídos termicamente e que as emissões atmosféricas são filtradas por meio de filtros-manga, evitando a poluição do ar atmosférico.

EXISTEM MEIOS DE REAPROVEITAR OS RESÍDUOS ORGÂNICOS?

Os resíduos orgânicos podem ser destinados para compostagem, ou seja, para um local onde a decomposição será devidamente monitorada, para que esses resíduos, depois de decompostos, possam ser utilizados como adubo. Salienta-se que os resíduos orgânicos só devem ser utilizados como fertilizantes após terem sido totalmente decompostos, quer dizer, depois que tenham se transformado em húmus, pois por esse processo não se corre o risco de utilizar fertilizantes que gerem chorume.

Sem dúvida, a compostagem é uma excelente alternativa para a destinação de resíduos orgânicos, pois possibilita o aumento da vida útil dos aterros, bem como a possibilidade de se angariar recursos financeiros com a venda dos adubos.

impressão e acabamento:

EXPRESSÃO & ARTE GRÁFICA
Fones: (11) 3951-5240 / 3951-5188
E-Mail: expressaoearte@terra.com.br
www.expressaoearteeditora.com.br